美味的科学

GASTROPHYSICS

THE NEW SCIENCE OF EATING

[英] 查尔斯·斯彭斯◎著

Charles Spence

杨蝉宇◎译

U0339913

湖南科学技术出版社

图书在版编目（CIP）数据

美味的科学 /（英）查尔斯·斯彭斯著；杨蝉宇

译 . -- 长沙：湖南科学技术出版社，2020.9

ISBN 978-7-5710-0495-8

Ⅰ . ①美… Ⅱ . ①查… ②中… Ⅲ . ①美食学 - 食品感

官评价 Ⅳ . ① TS971.1

中国版本图书馆 CIP 数据核字（2020）第 016350 号

Gastrophysics: The New Science of Eating
Copyright © Charles Spence, 2017
Foreword copyright © Heston Blumenthal, 2017
First Published in Great Britain in the English Language by Penguin Books Ltd.
Simplified Chinese edition copyright © 2020 by **Grand China Publishing House**
Published under licence from Penguin Books Ltd.
Penguin（企鹅）and the Penguin logo are trademarks of Penguin Books Ltd.
All rights reserved.
Copies of this translated edition sold without a Penguin sticker on the cover are unauthorized
and illegal.
封底凡无企鹅防伪标识者均属未经授权之非法版本。

MEIWEI DE KEXUE

美味的科学

著　者：[英] 查尔斯·斯彭斯

译　者：杨蝉宇

策　划：中资海派

执行策划：黄　河　桂　林

责任编辑：汤伟武

特约编辑：羊桓汶辛　林　晖　张　帝

出版发行：湖南科学技术出版社有限责任公司

社　址：长沙市湘雅路 276 号

　　　　http://www.hnstp.com

湖南科学技术出版社天猫旗舰店网址：

http://hnkjcbs.tmall.com

印　刷：深圳市精彩印联合印务有限公司

厂　址：深圳市光明新区光明街道白花社区精雅科技园 B 栋、C 栋一楼

邮　编：523923

版　次：2020 年 9 月第 1 版

开　本：787mm×1092mm　1/32

印　张：10

字　数：300000

书　号：ISBN 978-7-5710-0495-8

定　价：59.80 元

（版权所有·翻印必究）

GASTROPHYSICS

诺拉·斯彭斯（Norah Spence）
她从未受过良好教育，却深知其价值

芭芭拉·斯彭斯（Barbara Spence）
她比其他温婉贤淑的妻子读了更多《金融时报》的文章

权威推荐

赫斯顿·布鲁门撒尔（Heston Blumenthal）

多重感知烹饪的开创者，英国四家米其林三星餐厅之一的肥鸭餐厅经营者

《美味的科学》信息量丰富，内容让人眼花缭乱，行文使人会心一笑。美食物理学其实是一门非常有用的科学，也是我们人类必须理解的一门科学……查尔斯是我们完美的引路人，他为我们打开了新世界的大门。

费伦·阿德利亚（Ferran Adrià）

西班牙 El Bulli 饭店星级厨师

并没有很多人能像查尔斯·斯彭斯一样意识到感官功能的重要性。

拉里·奥姆斯特德（Larry Olmsted）

《纽约时报》畅销书《真食物，假食物》（*Real Food, Fake Food*）作者

只要给菜单上的一道菜改一个名字或者将餐盘的颜色换成另外一种，就能极大地改变我们对食物味道的认知和食物的质量。餐饮行业的每个人都需要这本书，同时还要深入研究查尔斯·斯彭斯教授在本书中透露的科学秘密。

丹尼尔·J. 列维京（Daniel J. Levitin）

前苹果公司咨询顾问，加拿大蒙麦吉尔大学心理学教授及神经科学、信息科学学院和教育学院的特聘教授

《大脑超时代的思考学》（*The Organized Mind*）、《迷恋音乐的脑》（*This Is Your Brain on Music*）作者

最好的流行科学读物。本书富有见解，文字饶有趣味，书中有各种你能够在厨房、教室或是酒吧里运用的实际内容。本书揭示了食物中的科学，探讨了包括味觉在内的所有感官如何改变我们认知的问题，非常有趣。

《科克斯书评》（*Kirkus*）

斯彭斯拥有一门技巧，即在标题中提出一些新奇有趣的问题，从而引发读者思考。比如他会问："毫不起眼的土豆和飞机噪声之间有什么联系？"如果你曾在飞机上有过不愉快的就餐经历，这问题就值得思考一下。看完本书，你将会明白为什么星巴克的服务员会把你的名字写在杯子上（这真的不是为了帮助服务员记住就餐的顾客）。对食品消费者来说，这是一次主题鲜明、精彩有趣的学习经历；而对餐厅老板和厨师来说，本书处处都是吸引顾客的锦囊妙计。

《时代周刊》（*Time*）

《美味的科学》这本书夺人眼球、发人深省！

《卫报》（*The Guardian*）

《美味的科学》这本书非常引人入胜且发人深省，开诚布公地讨论我们吃东西和做食物的方式……作者实在是才华横溢。

《华尔街日报》（*The Wall Street Journal*）

斯彭斯滔滔不绝地讲述了美食界的最新研究成果及其现实应用。本书以 5 种感官功能和不同的饮食场景为线索来组织内容，它远远不只是在对美食物理学进行系统论述。

《观察者报》（*Observer*）

《美味的科学》这本书中的菜单令人好奇、让人痴迷、发人深省。

《纽约客》（*The New Yorker*）

斯彭斯让人体验了一段由多个感官参与的饮食经历。

《星期日泰晤士报》（*Sunday Times*）

不止是味觉，《美味的科学》更研究了科学看待事物的方法和感觉形成的关键。

《波士顿环球报》（*Boston Globe*）

查尔斯·斯彭斯颠覆了我们对于味道的认知。

《简单生活》（*Real Simple*）时尚杂志

书中的阐述非常美味可口。

PureWow 时尚网

精彩绝伦……从市场营销和认知神经学到图案设计和行为经济学，查尔斯·斯彭斯思考了其中所有问题，就我们的大脑如何加工餐盘上的食物提供了第一手信息。

《展望》（*Prospect*）杂志

《美味的科学》叙述非常完美，它真的可以改变你吃饭的观念……祝你胃口大开！

《旅行》（*Journey*）杂志

《美味的科学》这本书改变了我们品味食物的方式。

叹为观止的美食新世界

曾几何时,除了已故的伟大"烹调物理学家"尼古拉斯·柯蒂(Nicholas Kurti, 1908—1998 年),没有一名科学家认为美食物理学是一个严肃的或有价值的研究课题。基于在肥鸭餐厅(The Fat Duck)后厨的仔细观察和反复验证,我提出了一些理论,可当我跟科学家们谈论这些的时候,他们总会报之以宠溺的微笑,那笑容似乎在说"你继续研究你的烹饪,其他事情交给我们好了"。闹心的是,厨师们也好不到哪里去。他们坚称烹饪与科学没什么关系,就好像他们忙着搅拌的鸡蛋从没经历过凝固这道工序一样。

但查尔斯与众不同。他的优点之一便是在治学严谨的基础上,还保有跨学科的好奇心,且不拘泥于某种狭隘的学术观点。遇到他后我才发现,他在实验室里探索着许多我在厨房里探索着的理论。因此,在这本书中你会看到,我们通力合作,研究人们会对自己看到、听到、闻到、摸到、吃到的食物产生什么样的反应。我们的眼睛、耳朵、鼻子、记忆、想象和直觉全都参与到了吃东西的过程中。其实我们每个人都和食物建立了连接,只不过有些是积极的,有些是消极的,但归根结底,这都是情绪和感觉的问题。

在我看来，人们会对食物做出何种反应的核心不在于舌头（舌头能辨别出至少五种味道），也不在于鼻子（鼻子能分辨出数不尽的气味）。这是大脑和情绪在心脏的联系下进行的一场对话，对话的结果就会告诉我们，自己是否喜欢一种食物。实际上，在我们吃东西时，控制我们情感反应的是大脑。

美食物理学其实是一门非常有用的科学（也是我们人类必须理解的一门科学），但其复杂性也是不言而喻的。查尔斯是我们完美的引路人，他为我们打开了新世界的大门，并用一种通俗易懂、寓教于乐的方式与我们一起探索它的奥秘。从每个人都生活在相互隔绝且完全不同的味觉世界里这一观点，到"使用餐具就是把盘子里的食物吃到嘴里的最佳方式吗？"等一系列问题，每一面书页上都跳动着引发你思考、拓宽你视野的奇思妙想。

我从《美味的科学》里学到了非常珍贵的一课，用查尔斯的话来说，就是嘴巴里的东西真的太少了。我们从食物中能得到怎样的快乐，更多地依赖于我们的主体性——依赖于我们的记忆、联想和情感，这远远超出了我们的认知。这是个令人沉醉的话题，你可以在这本书的带领下迈出第一步，走进这个神奇的世界。

赫斯顿·布鲁门撒尔（Heston Blumenthal）
多重感知烹饪的开创者
英国四家米其林三星餐厅之一的肥鸭餐厅经营者

目 录

CONTENTS

CONTENTS

美食物理学：食物是如何欺骗大脑的？

"啊，张大嘴！"她用那迷死人的法国口音说道，而我也乖乖照办了。那个时刻、那个动作、那口食物，唤醒了我儿时被人用勺子喂饭的模糊记忆（至少这是我印象中的样子）。那道菜，或者更确切地说是上菜的方式，预示着夜幕降临时，我的晚餐会是什么样子。所以，如果你想要一个例子来说明食物的好坏不仅涉及营养学，更关系到我们的体验，那我多年前在布雷（Bray）的肥鸭餐厅吃酸橙果冻的经历就是绝佳的证明了。

那是一次令人终身难忘的体验，它让人震惊，甚至不安[1]。但这是为什么呢？我猜大半是因为没人那样喂我吃过东西吧，最起码在过

————————————————————

[1]餐厅的女服务员居然要喂我吃东西，还要我坐在她腿上！我严重怀疑赫斯顿他们现在还敢不敢在肥鸭餐厅重复这波操作。既然肥鸭餐厅已经稳稳地成了现代主义美食的圣殿，那对如今这些慕名而来且能够支付得起 295 英镑入场券的食客来说，这个"节目"就有点太挑逗，也太露骨了。不过已经有别的餐厅从赫斯顿和其他同行手中接过了接力棒，比如现代主义美食界的"坏小子"、马德里 DiverXo 餐厅的达必兹·穆尼奥兹（Dabiz Muñoz）。——作者注

去的 45 年里没有，可就在这样一家即将成为世界顶级餐厅的地方，竟然有人喂我吃米其林三星级晚餐。好吧，至少有一道菜是这么喂的。这足以说明，吃饭这件事，根本就不只是吃什么的问题。

吃东西的乐趣停驻在心间，而不是嘴里。理解了这一点，马上就会明白无论多么精巧的烹饪，也只能带给你有限的满足感。到底是什么东西作怪，食品和饮料能变得如此令人愉悦、兴奋、难忘？要想弄清它，你就先得搞清所谓的"其他因素"在这里面扮演了什么角色。

仔细研究后你就会发现，哪怕是咬一口饱满多汁的蜜桃这种看似超级简单的小事，也是一种异常复杂的多重感官体验。试想一下，你的大脑需要把那芳香的气味、甘甜的味道、美妙的口感、娇艳的颜色和牙齿咬过果肉发出的声音结合起来，更别说桃子的茸毛轻抚你双手和嘴巴时，那种毛茸茸的触感了。所有这些感官信号，连同我们的记忆，都在帮我们感知味道本身。而这一切都在你的脑海中汇聚。

人们日益意识到品尝美食实质是一种大脑活动，这就使得一些世界顶级大厨重新审视他们为食客提供的就餐体验。以丹尼斯·马丁（Denis Martin）位于瑞士的现代主义餐厅为例（图 0.1），这位主厨意识到，尽管他花了大把心力准备美味佳肴，但一些客人并不如他预想的那般喜欢这些食物。客人们常常是拘谨的，甚至不肯松开一颗纽扣——用他自己的话说，是"已经准备好大出血了"。在这种情况下，你怎么能指望一个摆着臭脸的食客来享受他的美食呢？解决办法非常简单，那就是在每张桌子上放一头"小奶牛"。

刚开始没什么特别的事发生，直到有食客拿起桌子上的"小奶牛"端详，好奇摆在他们面前的到底是瑞士版的盐罐儿还是胡椒研磨器。当他们把它翻过来看时，"小奶牛"发出一声哀鸣。食客们经常会惊讶地笑起来。之后，不出几分钟，餐厅里就会爆发出一阵小奶牛的齐声哞叫，食客们也随之咯咯大笑。等到第一道菜上桌时，大家的情绪都已经高涨起来了[①]。这款精神上的趣味点心可比任何一种酸水果沙冰（传统的清洁味蕾的方法）都更能增强食客对美食的感受度。毕竟，情绪是影响我们用餐体验的重要因素之一，应尽量予以优化。

图 0.1　在位于瑞士西部的韦威镇（Vevey），丹尼斯·马丁的米其林二星级餐厅里，迎接食客的唯一物件就是这件餐具。但这东西到底是什么？为什么主厨要在每张餐桌上放一个？

事实证明，现代主义厨师对新的饮食科学（我在这里称之为美食物理学）非常感兴趣，因为他们既喜欢用新奇的、不同寻常的方式重新组合食材，又想迎合食客的期望。这本书讲的，就是他们如何运用这些新知识来提高饮食体验。许多食品和饮料公司也对多重感官味觉科学（美食物理学）越来越感兴趣。然而，他们的目的与厨师们不同。这些公司希望新兴的美食物理学理论能帮助他们玩好

①请注意，这也有助于将餐厅的食客带入相同的声音体验中（参见第 7 章）。——作者注

3

所谓的"心理把戏",以期在不影响产品风味的情况下,减少某些不健康原料的使用。

非要把你馋哭的跨界研究

无论我们是在吃一些简单的东西,如甜美成熟的桃子,还是在世界顶级餐厅吃繁复精美的菜肴,都有许多因素影响着我们的饮食体验。为什么食物的味道是这样的而不是那样的?为什么我们想吃这些菜肴而不是那些?现有的研究无法给出完整的答案。毕竟,现代主义料理关注的重点还是在食物本身及其制作上——这通常被称为厨房新科学。而感官科学可以告诉我们的,则是人们对在实验室所吃的食物有什么感官上的感知,比如味道有多甜,香味有多浓,他们有多喜欢这道菜等。之后,还有着力研究大脑如何处理与味道有关的感官信息的神经美食学。

这一新兴学科证明了人们进食时,脑神经网络会参与到吃东西的过程。当人们平躺下来,把头部放进脑部扫描仪里,品尝通过管子送到嘴里的液体食物时,仪器就能监测到大脑的活动。有趣的是,在西班牙圣塞巴斯蒂安(San Sebastián)的穆加拉茨餐厅(Mugaritz)和布雷的肥鸭餐厅等世界顶级餐厅的菜单,都会顾及食客用餐时的大脑反应。如今,崇尚科学与烹饪结合的热潮席卷全球餐厅,而事实上这股潮流可以追溯到布雷。二十多年来,赫斯顿·布鲁门撒尔和他的研究团队及许多合作者一直在突破餐饮的极限。

无论是在特殊场合下,还是平凡的一日三餐中,为何我们的饮食体验会依照其固有的方式呈现在我们面前?针对这一问题,现代主义料理,感官科学,甚至是神经美食学,都无法提供一个令人满意的解释。

在尽可能保持自然状态的条件下，我们需要一种新方法来判定和了解那些影响人们对食物和饮料做出反应的因素。美食物理学建立在实验心理学、认知神经学、感官科学、神经美食学、市场营销、设计和行为经济学等许多学科的强强联合的基础上，每一门学科都用其专业知识回答着特定的问题，为美食物理学这一新学科贡献自己的力量。

作为一名实验心理学家，我一直很感兴趣的是感官的感觉以及运用认知神经学的最新成果来帮助我们改善日常体验。刚开始我只研究视觉和听觉，后来又慢慢将更多感觉加入到我的研究中。最终，我开始研究味觉，毕竟，人对味道的感知是我们所有体验中最需要多重感官参与的。

由于我的父母从未上过学（他们成长于闹市中，奔波于各地之间），因此我一直认为研究成果要具有实用性，最终能运用到现实世界中。1997 年，我开设了自己的实验室——交叉模态研究实验室（the Crossmodal Research Laboratory），如今实验室的赞助经费主要来源于餐饮业。这里不仅有心理学家，显然也有市场营销人员，偶尔还会有产品设计师、音乐家，甚至厨师。猜猜牛津哪家实验室的聚餐是最美味的！

能与顶尖的厨师、调酒师和咖啡师合作，我实在与有荣焉。对我来说，最令人兴奋的美食物理学研究，就藏在餐饮业、烹饪体验设计和美食物理学的交叉领域里。我坚信，在未来的几年中，美食物理学研究将在理解和改善人们的饮食体验方面愈渐发挥主导作用。

我们在吃东西或喝饮料时的多重感官体验会受到一些因素的影响，美食物理学就被定义为研究这些影响因素的科学。这一术语本身来自于"美食学"（gastronomy）和"心理物理学"（psychophysics）的混搭：这里的美食学强调臻于完美的烹饪体验，这亦是该领域许多研究的灵感源泉；而心理物理学则看重对知觉的科学研究。心理物理学家对待实验对象就像对待机器一样，他们希望通过系统性观察人们如何对一系列精心设计的标准化感官刺激做出反应，来判定实验参与者的感受，从而找出那些能真正影响人们行为的因素。

一般而言，美食物理学家对简单问问人们在想什么并不感兴趣。他们更为关注人们实际做了什么，以及人们对特定目标问题和评分等级的反应，比如：甜点有多甜（给我一个 1~7 的数字）？你有多喜欢这种食物？你愿意为刚刚吃过的这道菜付多少钱？他们往往对人们无拘无束的自由陈述持怀疑态度，因为太多例子都证明了人们常常说一套做一套。（参见第 6 章，其中有一些很好的例子。）

重要的是，美食物理学的研究成果不仅适用于高端餐饮业。即便只能在高端餐饮业中适用，这些研究成果看起来依然有趣，但总体来看可能不是那么回事，毕竟我们大多数人多久才会去米其林星级餐厅用餐一次呢？

然而，许多现代主义厨师都非常富有创意。更重要的是，他们具有推动变革的能力和威信。如果他们被美食物理学的最新发现吸引，并从中汲取灵感开发出一种新菜式，他们就可能在下周的菜单上添上这道新菜。相比之下，大型餐饮企业往往会发现，就算他们拿出一万个愿意，也很难参与到这种快速又激进的革新中。因为在食品产业中，一切步调都慢了下来！

最好的情况是，先在现代主义餐厅中对一些最具创造性的观点进行试验，提炼出经过实践检验的真知灼见，随后用这些真理来改善饮食体验，而不用再去介意我们吃了什么、喝了什么，我们在乘机还是在住院，在家里还是在连锁餐厅。这些能调动多重感官参与、带来多重体验的美味佳肴，最初就是在为上述试验提供了原则性证据的顶级餐厅中被设计出来的，这也给了别人继续创新的信心。

因此，当理论和实践完美结合时，新兴的美食物理学理论就能转化为令人惊叹的饮食体验，让人们迫不及待地想要去谈论和分享它。抓住这一点，我们就能做出比以往更美味、更难忘、更健康的菜肴。

例如，就拿我们 15 年前与联合利华（Unilever）共同开展的研究来说，我们证明了在放大咬薯片发出的嘎吱声的情况下，人们会觉得自己吃的薯片更脆、更新鲜。

我可以很自豪地说，正是这项研究使我们获得了搞笑诺贝尔营养学奖（Ig Nobel Prize for Nutrition）。这和诺贝尔奖可不一样，它是一个戏谑式的科学奖项，先让你发笑，再促使你思考。大概就在这个时候，经瑞士芬美意香料公司（Firmenich）的安东尼·布莱克（Anthony Blake）介绍，赫斯顿·布鲁门撒尔大厨来到了我们的实验室。我们一给他带上耳机并把他锁在试验间里，他就恍然大悟了（图 0.2）！

图 0.2　2004 年，赫斯顿·布鲁门撒尔手拿"声波薯片"，
站在牛津大学交叉模态研究实验室的金色试验间里

实际上，在接受英国广播电台（BBC）第 4 频道节目的采访时，这位厨师说："我认为声音也是厨师可利用的一种元素。"这一认知为"海洋之声"在肥鸭餐厅的出现提供了原动力，这道海鲜拼盘现在已成了肥鸭餐厅的招牌菜。后来，其他餐厅和餐饮品牌也开始将声音元素融入他们的菜肴中，但这通常需要点技术含量。

随后，我们与肥鸭研究性厨房开展合作，研究"声音调味料"。可以说，这是一种通过播放特定声音或音乐来系统性改变人们对食物味觉感知的方法。承蒙烹饪大师卡洛琳·霍普金森（Caroline Hobkinson）抬举，这些理论得以付诸实践，并最终呈现在伦敦北部"饿狼之家"餐厅（The House of Wolf）的菜单上。与其说烹饪大师是厨师，倒不如说他们是艺术家，用食物和餐盘来表达自己的想法。正是基于这项研究，英国航空公司（British Airways）在 2014 年推出了他们的"声音精选"菜单，旨在为长途奔波的旅客提供多种"声音调味料"，以便任君选择。

最近，许多医疗机构也开始研究如何开发"甜美声音"播放列表，以期帮助那些需要控制糖分摄入的糖尿病患者。这一设想是这样的，如果你能"诱骗"大脑说正在吃的东西尝起来比它实际更甜，你就能获得更好的饮食体验——品尝食物的甜美，同时又无须担心摄入过多糖分产生副作用。关于声音影响味觉体验的研究，已经从美食物理学实验室走向现代主义餐厅，现在更为正规医疗机构所接受（但是我有些担心，检验音乐和音景的影响能持续多久的后续研究尚未完成）。也许因果顺序有些颠倒，但那些已在顶级餐厅里上演着的故事，确实为实验室的基础研究提供了动力。

厨神大战科学家

许多有关美食物理学的理论建立在交叉模态和多重感官科学的最新发现之上。其实，这些听起来很复杂的术语不过描述了这样一个事实：我们的感官之间的互动比之前想象的要多得多。以前科学家们认为我们看到的东西会反映在大脑视觉区，听到的东西会反映在大脑听觉区等，但事实证明，不同感官之间的联系远比我们想象的多得多。视觉的变化可以影响听觉，听觉可以影响触觉，触觉可以影响味觉。因此，"交叉模态"一词意指一种感觉变化可以影响其他感官的体验（例如，在红色灯光的照射下，黑色杯子里的葡萄酒就陡然变得更甜、更有葡萄味了）。

相比之下，"多重感官"一词通常被用来解释这样一种情景：你咬了一口薯片，发出了嘎吱的响声，改变这声音会发生什么？此时，你所听到的和感觉到的东西会在大脑中整合成一种对薯片新鲜度和酥脆度的双重感知，这两种感觉都来源于你对同一种食物的体验。这种区别听起来很微妙吧？不必忧心，因为事实本就如此！然而，这已足够让我的同行激动不已。

英国广播公司最近播出了一档厨师对战科学家的电视节目——《厨神大战科学家》（*Chef vs Science*）。我对其创意嗤之以鼻。如果问我对这档节目有什么看法，那就是两个字——荒谬。因为无论是皮埃尔·加涅尔（Pierre Gagnaire）对战艾维·蒂斯（Hervé This，分子美食学教父），还是米其林星级大厨马库斯·沃宁（Marcus Wareing）对战材料科学家马克·米奥多尼克（Mark Miodownik），答案都是昭然若揭的——科学家应紧跟着大厨。我更感兴趣的是，通过与美食物理学家合作，厨师、分子调酒师或咖啡师能获得多大提升。

在接下来的章节中，我希望让你们相信，美食家与科学家合作才是制胜之道。不仅如此，这种合作的成果已经开始应用于改变我们的饮食体验，无关乎我们在哪儿吃，也无关乎我们选择吃什么。

然而，并不是每个人都对美食界发生的改变喜闻乐见。例如，星级厨师评审官威廉·希特维尔（William Sitwell）就宣称他会摔烂端到他面前的所有方盘子。他非常讨厌在那种外观上哗众取宠的新时尚。

请别误会，我明白他的初衷。毫无疑问，有些厨师已经完全跑偏了。设想一下这样的情景：你点的菜好不容易上桌了，你定睛一看，盛菜的是一口小锅，这锅还放在两块板砖架着的木板上。此时此刻你一定会给我一个"懂你"的表情。

然而，我们要明确一点：有些人做得太过火是事实，但不能因此否认我们对食物的感知及由此引发的行为会受到装盘和上菜方式的影响。令我特别兴奋的是，人们可以从高端美食学中学习一些有关装盘的流行趋势，并将其转化为具有可操作性的建议，以提高医院等场所的食品服务质量。

给餐刀裹上皮草，西餐能把吃货撩到尖叫

你真的愿意把已有很多人用过的餐具塞进嘴里吗？亲爱的，请认真考虑下，用冰冷又滑不溜秋的不锈钢刀叉或勺子把食物送进嘴里，真的是吃东西的最佳方式吗？为什么不直接用手呢？人们吃汉堡时一般直接下手抓，而汉堡是世界上最受欢迎的食物之一，这仅仅只是巧合吗？

既然现如今我们已经知道了人类嘴巴的活动方式，以及多种感官的融合能够催生多层次的味觉，难道我们不该考虑下设计一些与众不同的、超前的东西吗？为什么不给勺子添些纹路，以便其抚摩舌头和嘴唇呢？毕竟，嘴唇是人体最敏感的皮肤部位之一（最起码，你坐在餐桌前就餐时能接触到的皮肤部位中，它最敏感）。

伦敦科学博物馆（London's Science Museum）举办的"渴望"展览上陈列着银饰设计师安德烈亚斯·费比安（Fabian）与法裔加拿大（Franco-Colombian）大厨查尔斯·米歇尔（Charles Michel）联合创作的餐具。

为什么不用皮草裹住刀柄呢？意大利未来派的先驱在他们20世纪30年代的"触觉晚宴"上可能已经这么做过了。我们已尝试将这两种设想付诸实践（图0.3）。当然，改变需要时间。既然如今我们已经（基本上）接受了餐盘器皿领域的根本性创新，那为什么不把餐具也革新一下呢？无论你选择用西方的刀叉还是中国的筷子，这个问题都在这里，不来不去。振奋人心的是，美食物理学家现正与餐具制造商、产品设计师和厨师通力合作，以期为大家奉上更好的餐桌用品。

图 0.3　未来的餐具会是这样吗？

我相信餐饮业将发生翻天覆地的变化，现代主义烹饪、艺术设计、科技革新和美食物理学之间的深度融合将带来进步。最后，这些奇思妙想的广泛传播，需要餐饮业的推动，需要厨师的推动，更需要你的加入。

盘子里的扇贝如果是奇数个，尝起来会更鲜香？

美食物理学研究常常需要对人的直觉进行评估。人们早就怀疑各种不同因素之间可能存在某种关联，一般而言，有关这些因素的相对重要程度的评估结果会为上述假设提供实证支持。然而，有时研究中也会出现意料之外的结果，比如，研究结果可能会证明某些由来已久的烹饪信条是完全错误的。举一个具体例子来说：许多烹饪学校教厨师在盘子里放奇数个食品元素，而不能是偶数个（例如，放3或5个扇贝，别放4个）。

为了检验这一惯例，我们对数千人进行了测试。工作人员把盛放着奇数个食物和偶数个食物的盘子端到他们面前，询问他们更喜欢哪一盘（参见图0.4中的示例）。结果证明，奇偶数真的不重要，人们的选择反而与盘子里的食物总量有关。食物越多越好！当然，即便美食物理学的研究只能为人们的直觉撑腰，它仍然可以帮助人们评估某些东西的价值，这通常有助于人们做出决策。（例如，用某种方式做事所付出的额外成本真的值得吗？）

图0.4　你更喜欢哪盘烤扇贝呢？最新研究表明，人们更关心食物的数量，而不是盘子里的吃的食物是奇数个还是偶数个

在接下来的介绍中，我想重点谈谈那些美食物理学家如今正在思考的问题，并借此提请公众注意。接下来的几章，我们将探讨一些关键问题。

胃口好不好，是否还要看心情？

　　每当我们在幽暗的餐厅或是米其林星级餐厅就餐时，那舒适的氛围、美妙的景色、悦耳的声音、淡淡的香气，甚至是椅子触感（更不用说餐桌的大小和形状）都在影响着我们的知觉和行为，虽然它们的作用很微妙。从我们最初点什么菜，到上菜时我们想着味道如何，再到我们吃东西的速度和停留的时间，气氛影响着一切。人们会告诉你，他们总是吃多少点多少。但最新的美食物理学研究表明，事实并非如此。

　　人们在为味道、香气及自己的喜欢程度评级时，气氛到底能产生多大影响？我们对餐饮行业进行研究时，一直在努力将这一影响程度量化。例如，我们发现，人们对同一种饮料的评价会因其所处感官背景的不同而变化 20% 甚至更多。也无怪乎顶级厨师和餐厅老板们越来越认识到这种环境效应的重要性。他们一直在尝试让餐厅的氛围与他们提供的食物、创造的景象和激起的情绪匹配起来。在第 8 章中，我们就会看到人们对气氛影响多重味觉体验的深入认知如何帮助那些最具超前思维的航空公司在 3.5 万英尺①的高空提升其食品供应服务。

怎么做，才更容易成为网红美食？

　　近年来，席卷高端现代主义餐饮的一大趋势是，"体验式用餐"（off-the-plate Dining，见第 8 章）所受到的关注度越来越高。该词用于描述当代高级烹饪中出现频率越来越高的戏剧性、魔术化、情感性和故事性元素。这一切似乎都是为了营造出一种意义非凡的、让人终

---

① 1 英尺约为 0.3048 米。——译者注

身难忘的、令人兴奋的多重感官体验（称之为"感官之旅"也许更为恰当）；用菲利普·科特勒（Philip Kotler）的营销术语来说，这就叫卖"体验"，人家卖的是整个产品，而不仅仅是实体产品。如果这些体验恰好可以分享，那就更好了（例如，千禧一代经常在他们的社交媒体上分享各种感受）。

顶级大厨们在为是谁最先提出戏剧式多重体验餐的金点子而争得头破血流，但讽刺的是，实际上意大利未来派的先驱们早在80年前就已经会根据背景音乐搭配餐食了，更别说为他们的晚宴添点儿香气和质感。同时，他们还是第一批尝试改变食物颜色的人。我们将在最后一章中仔细探究现代主义料理是否真的发端于20世纪30年代。

用厚重的金属餐具吃饭，食物的味道会不一样吗？

一些评论家和部分米其林星级厨师对美食物理学嗤之以鼻，认为其不过是"感官欺骗"（sensory trickery）的把戏。他们会一本正经地跟你说："美食本身就说明了一切。"对他们来说，准备一顿美餐，需要精选当地食材，考虑季节性变化，在细节上精益求精，并以精湛的技艺进行烹饪——不要一锅乱炖，保持食材的单一性，不要心急，让其慢慢变熟。

2015年我在德文郡（Devon）的吉德雷公园酒店（Gidleigh Park）见到大英帝国员佐勋章（MBE）获得者、米其林星级厨师迈克尔·凯因斯（Michael Caines MBE）时，他就这么跟我说过。他会让你相信其他因素都不重要，没有美食物理学的世界（除了天堂）将会更美好。

凯因斯之流认为，诚实的厨师能让他们的菜品说话。他们无需为使菜品的味道更好，而去忧心餐具的重量。可我不用去吉德雷公园酒店，也能知道那儿的餐具很重。任何一位体面的厨师，都不可能为他们精心制作的菜品配上塑料的或铝制的刀叉。这会破坏进餐体验！告诉我，我说错了吗？

各位稍安勿躁，让我们再来看看装饰和环境。吉德雷公园酒店恰好是坐落在德文郡村镇中心的一座美丽庄园。我敢肯定，无需美食物理学家指点，你也知道相比于嘈杂的机舱或医院的食堂，在吉德雷公园酒店享用菜肴，会显得味道更好。换句话说，无论你多想避免"其他因素"，你都无法避开。

我认为，无论食品和饮料在哪里供应、销售或消费，总会有一种能调动多重感官的氛围与之如影随形。这种环境不仅影响着我们对食品的感知，更重要的是，它影响着我们对进食体验的喜爱程度。说到底，根本没有所谓的无倾向性环境或背景。越来越多的美食物理学研究表明，环境、餐盘、菜名、餐具等因素都会对我们的饮食体验产生影响，是时候接受它们了。

一旦你认可了这点，那么无论你面前的盘子里装着什么食物，试着体验并优化"其他因素"都会变得有意义。无论一个人想要获得更难忘、更刺激的还是更健康的进食体验，这一点都适用。或者你也可以像鸵鸟一样，把头埋进沙子里，假装其他因素都不重要。只不过对我来说，选择早已明确。（有些人选择忽略美食物理学研究成果所提供的一切，我只想跟他们说一句，别忘了你的餐厅也很豪华，你的食客正拿着沉甸甸的餐具！）

所以，废话不多说，咱们不理那些老爱唱反调的人了。吃完了开胃菜，就让我们继续享用第一道菜吧！

GASTROPHYSICS

第 1 章

味 觉

让吃货疯狂打 call 的只是美食的味道？

你能列出所有的基本味觉吗？酸、甜、苦、咸当然囊括其中，但还有别的吗？如今，研究人员将鲜味列为第五种基本味觉。1908年时，日本的池田菊苗（Kikunae Ikeda）博士首次发现"鲜味"这种基本味觉，并用英文单词"Umami"表述，意指"鲜美的味道"。

在食物中起到提鲜作用的主要是谷氨酸，味精的主要成分就是谷氨酸的衍生物——谷氨酸钠。有些人可能会忍不住把金属味、油脂味、厚味（kokumi）及其他15种基础味道搅和进来——尽管许多味道我都没听说过，而有些研究人员甚至对基本味觉的存在都表示质疑！

然而，许多人在谈论食物和饮料时，常常错把果香味、肉香味、药香味、柑橘味、烧焦味、烟熏味甚至泥土气当成味道。但这些都不是靠嘴巴尝出来的味道，严格来说，它们是香气。但是别担心，大多数人都没发现这种区别。

那我们究竟如何区分这两者呢？好吧，试试捏住鼻子，闻不到香气时，剩下的就是味道了（不过前提是你品尝的不是辣椒、薄荷等能刺激三叉神经的东西）。因此，如果我们无法把基础味觉弄清楚，哪还能期望自己明白多重感官之间发生的一些更复杂的互动呢？味觉本来可以很简单，如果它不是那么复杂的话！

纯鲜饮品充盈在唇齿间的质感，比它的美味更让人幸福

大多数人所说的味道实际上是香气，而许多被他们描述成香气的东西，经仔细研究后发现是味道。有些语言通过用同一词语表述香气和味道的方式来回避这一问题。事实上，对英语而言，我们真的需要创造一个新词 "flave" 出来。这样一来，一句 "我爱罗克福尔干酪的香气"（I love the lave of that Roquefort）就足以解决问题了。让我们拭目以待，看这个主意是否能被广泛接受。

实际上，还有一些挑战来自外缘的刺激。就拿我们嚼口香糖时能感受到的薄荷醇来说吧，它是一种味道，一种嗅觉还是一种香气？事实上，三者兼而有之；它还能给口腔带来清凉舒爽的感觉。血液中的金属味也让研究人员一筹莫展，他们实在不知道应将其归为一种基础味觉、一种香味、一种香气还是上述种种的结合体。

大多数人都知道"味觉图"。事实上，在过去 75 年间出版的几乎所有感官教科书上，我们都能找到它的身影。这张图告诉我们，舌尖用来感受甜味，舌根用来感受苦味，舌两侧用来感受酸味等。但教科书错了：你的舌头根本不是那样工作的！

这一广泛传播的误解于 1942 年最先出现在一本风靡北美的心理学教科书上，系因对德国人埃德温·博林（Edwin Boring）博士论文的研究成果误译所致。如今该问题既然已经厘清，那么让我来问一句，你真的知道味蕾在舌头上是如何分布的吗？我想你不知道。有的事物对我们的生存至关重要，但是没有人真正了解它的工

作原理。这相当令人震惊，不是吗？

味蕾既不是均匀分布在舌头表面，也不像"味蕾图"中所示的那样被完美分割。答案往往介于这两者之间。每个味蕾都能对 5 种基础味觉做出反应，但它们主要集中在舌尖部分，舌两侧和舌根部。舌头中间没有味蕾。然而，有趣的是，很多人（包括厨师）都说舌尖更能感受甜味，舌两侧对酸味敏感，而舌根部对苦味和涩味的感受更明显。对我而言，纯鲜味的液体才有充盈在唇齿之间的质感，其他味道都无法与之媲美。

但真正的问题是，为何会有这么多人错了这么久？一方面可能因为科研人员普遍忽视了"较弱"的感觉，另一方面可能是大脑在构建味觉感知时对我们耍了"花招"，就像是告诉我们"吃起来很好"和"闻起来很甜"之类的（稍后会详细介绍）。在这一章和下一章中，我们将不断看到这样一个事实：嘴巴对味觉的感知非常有限。

为什么第一眼看到食物，我们就"知道"它咸不咸？

你可能会问，为什么厨师要知道食客的想法？无论米其林星级餐厅的现代主义大厨，还是在厨房里为准备晚宴而埋头苦干的你都不外如是。为什么不能单纯依靠那些从烹饪学校或没完没了的烹饪节目中学到的技能？为什么不重点关注食材是否应季、来源是否可靠、准备是否充分以及如何将其摆盘？

以上就是你需要关注的全部，不是吗？可作为一名美食物理学家，我深知为达到理解和管理食客对食物期望的目的，了解他们的想法有多么重要。只有把最好的食物与恰当的期待结合起来，我们才有可能向食客提供臻于完美的味觉体验。

越来越多的年轻厨师开始认真考虑如何满足食客的内心需求，而不仅仅是满足其口腹之欲。看到这样的局面，我真的很兴奋。我相信这在很大程度上要归功于费伦·阿德里亚和赫斯顿·布鲁门撒尔等明星大厨的影响力，能与这两位合作简直三生有幸。他们剑指何方，其他人便跟向何处。但这依然没有回答"起初是什么让顶级大厨对食客的想法感兴趣"这一更为根本性的问题。毕竟，烹饪学校肯定没办法教给你这些东西。

对赫斯顿来说，一切都始于一个冰激凌。20 世纪 90 年代末，赫斯顿创造出了蟹肉冰激凌来搭配意式蟹肉饭。这位大厨非常喜欢这一新品，并对其稍作改进，希望其成为一道非常完美的佐餐甜点。但食客对此有何评价呢？（一般来说，每道新菜面世前，都会在餐厅对面的研发厨房里反复调试。之后，它要经历一系列漫长而严格的流程，在得到赫斯顿的认可后，才能进入下一步——请餐厅的常客试菜，看看反响如何。一道菜品只有使出浑身解数，通过了重重考验，才有机会出现在餐厅的菜单上。）

接下来我们看到的是这番景象：就像在烹饪节目看到的那样，赫斯顿从厨房向围坐在桌边的试吃者投来满怀期待的目光，等待着他最新的烹饪作品得到他们的认可。菜品毕竟出自赫斯顿之手，有鉴于此，食客们当然会觉得味道很棒；但结果是，食客们的评价并不如预期的那么好。"呃呃呃！有点恶心，这也太咸了！"嗯，也许我这么说有点夸张了——但是相信我，反响真的不好。

到底是哪里出了问题呢？就连身为世界顶级厨师的赫斯顿都认为这道菜的味道感刚好，但他的常客却觉得太咸了，怎么会出现这样的情况呢？问题的答案也许恰好彰显了期望值在饮食体验中的重要性。换句话说，食客心里想的是什么，跟他们嘴里吃的是什么一样重要。

当食客们看到粉红色的冰激凌时（在实验室里，我们也用烟熏三文鱼冰激凌做过实验），大脑会立即对这种将要给他们吃的食物做出了预判。告诉我，如果这样一道甜品摆在你的面前，你希望它是什么味儿的？

对于绝大多数西方人来说，一道粉红色的冰冻甜点自然会让他们联想到香甜的果味冰激凌，嗯，有可能是草莓味的。"甜甜的，水果味的，我好喜欢，但多吃甜的不好哎"，食客的脑海中会飞快掠过这些想法。毕竟，我们大脑的主要工作之一，就是努力判断出哪些食物有营养，值得费力气弄到（哪怕是爬树也在所不惜）；哪些食物可能有毒，最好避免食用。

然而，在极少数情况下，我们的预测也会出错，此时，随之而来的诧异或"与预期不符"等情绪就会让人猝不及防。事实上，这可能会让人觉得相当不愉快。肥鸭餐厅的食客大概以为他们会品尝到美味的甜点，但厨房端出来的却是咸咸的冰冻食品。再直白点说，就是他们原本期待的是一份草莓冰激凌，结果却得到了一份冷冻的螃蟹浓汤！一个世纪以前，这种咸咸的沙冰可能在英国风靡过一阵，但如今早已过气了。

马丁·约曼斯（Martin Yeomans）及其萨塞克斯大学（University of Sussex）的研究团队与赫斯顿一道，用一系列美食物理学实验揭示了这样一个事实：仅仅改变下菜名，就有可能从根本上影响人们对蟹肉冰激凌的看法和喜爱程度。

在实验室里，改变实验参与者对这道菜的期望值其实很简单，只需告诉他们这是一种咸咸的沙冰，或者给这道菜起个神秘的名字——"386号菜"就可以了。已经知道菜名或者听过相关描述的人们会对这道菜产生一定的期待，相较于试吃前对此一无所知的参与者，这种期待使得人们对这款冰激凌的喜爱度明显增加。关键是，他们都不觉得这太咸了。

研究表明，我们对一种味道的初步印象，会影响我们之后对它的感知，即便我们明确知道自己正在品尝的是什么味道。虽然多数情况下，这种影响不易被察觉，更不像在赫斯顿的蟹肉冰激凌案例中表现得那么明显，但我们可能都有过类似经历。

我仍记得，15 年前第一次去日本旅行时，我在街头小贩那里买了一个浅绿色的冰激凌。那是一个炎热的春日，几乎每个人手里都拿着一个这种看起来十分清凉的冰激凌。我想当然地以为它是薄荷味的，就像在英国一样。但是，当我真正去品尝它的时候，着实惊呆了：事实上，这是抹茶冰激凌！虽然味道很好，但我必须承认，每当别人端上来一碗这种冰激凌时，我总是很难从最初的惊诧中回过神来。

不管一道菜被如何命名或描述，也不管它看起来是什么样子，总有些线索来帮助我们设立期望。而这些期望会对我们的判断和感知产生微妙的影响。就算你只是在家做饭招待朋友，客人们的就餐体验也不仅与他们吃了什么有关，他们在想什么同样很重要。然而，我们期望值的设定，并不仅仅依赖于食物的颜色和其他视觉特性。

换个菜名，菜品竟然好吃到飞起

设想一下你走进一家高级餐厅，拿着菜单准备点菜。你已经确定了想吃鱼，但是吃哪一种呢？假如你刚好看到了巴塔哥尼亚齿鱼（Patagonian toothfish），你要点它么？不，我想你不会，其他人也同样不会。

多年来，这种名副其实的"深海怪物"的销量一直令人失望。就算厨师们做出花儿来，食客们依旧嗤之以鼻，转而选择其他菜肴。他们会继续在菜单上搜索，寻觅那些，呃，我该怎么说，听起来更诱人的东西。

如果他们在菜单上看到智利海鲈鱼（Chilean sea bass），你猜他们的反应会不会有所不同？这个名字听起来确实更吸引人，但问题是，它和巴塔哥尼亚齿鱼指的是同一种鱼！目前的这种可持续供给的鱼类在全球市场上（包括北美、英国和澳大利亚）的销量增长了超过1 000%——没错，就是三个零。诀窍只是改个名字而已。这是行为经济学家所称的"名称推动销售"领域中最令人印象深刻的例子之一。实际上，这种鱼很快就开始出现在所有顶级餐厅的菜单上，即便到了今天，这种趋势也没有停止的迹象。再重申一次，食客的想法以及他们对不同名称和描述的联想至关重要。

冰冻蟹肉浓汤、烟熏三文鱼冰激凌和巴塔哥尼亚齿鱼的例子都比较特殊。事实上，用这些例子是为了说明一个观点——菜品名称对我们的饮食体验有着非常重要的影响。然而，环顾四周，你会发现很多日常生活中的小事例佐证了这一观点。

比如，你有没有想过，为什么金彩虹鳟鱼（golden rainbow trout）就比普通的褐鳟更受欢迎？经验丰富的厨师马上就会想到这两者可能在味道或肉质上存在差异，甚至会考虑杀鱼的方式是否正确。但为什么就此打住呢？你上一次吃丑橘（葡萄柚与红橘的杂交品种）是什么时候？你一定想知道，如果给这个柑橘家族的成员换个名字，它会变得多受欢迎。

近年来，炸猪肝丸子（faggots，该词也有同性恋的意思）、绿鳕鱼（pollack）和斑点老二布丁（Spotted Dick，即葡萄干布丁）等食物的受欢迎程度都有所下降，在一定程度上，这都是它们那倒霉名字惹的祸。

味觉期待："沙拉配意面"怎么就比"意面配沙拉"更营养？

有些人或许已经在思考这样一个问题：能否运用相同的取名"花招"来强化人们对你所提供食品或饮料的印象。遗憾的是，即便用上将巴塔哥尼亚齿鱼更名为智利海鲈鱼这样的策略，大多数日常食品的销售量涨幅也不太可能达到那种程度。同时，除非你已沉迷于现代主义烹饪书籍不可自拔，否则你在家准备的菜肴的颜色也不至于像赫斯顿所做的冰激凌的粉红色调一样，会误导人们对食物的真实味道产生错误的印象。

我想，无论你准备在下次晚宴中提供什么食物，别人都不至于看错。通常我们准备的食物的颜色，能相当可靠地反映出接下来我们将经历怎样的味觉体验。一般只有身处现代主义餐厅中或异国他乡时，事情才会不一样。所以放轻松就好！

给一道菜起个好听的名字或者对其进行恰当的描述，绝对是一件值得花时间去做的事情，即便你就是在家随便做了几道家常菜，这么做也总没错。比如说，把沙拉配意面说成意面配沙拉（仅仅就是调换下词语的顺序），就能让人们觉得这道菜更健康。要是再加上更多描述性元素，比如餐厅老板说这道菜是"那不勒斯（Neapolitan）意面配上新鲜脆爽的有机田园沙拉"，就可能会让这道菜获得越来越多的好评。

期望管理这一课题对超市行业同样重要。不然，为什么有的超市要捏造莫须有的农场，就为了给自己供应的食品贴上标签呢？这会儿我一下就想到了罗斯登（Rosedene）农场和南丁格尔（Nightingale）农场之流，这些名字很容易让人联想到美丽的田园风光，但其实它们并不存在。

超市到底为什么要这么做呢？让我们拿一个农夫三明治来说明问题，事实证明，如果我们被告知这个三明治里的乳酪是由坎布里亚郡（Cumbria）达克斯菲尔德农场（Duxfield Farms）的农夫约翰·比格斯（John Biggs）生产的，我们会为它支付更多的钱。

显然，你我都不知道这名农夫生产的奶酪尝起来是什么滋味，因为此人是我虚构的。然而，这种描述增加了食品的供应价值，或者用市场营销领域的专业术语来讲，这增加了消费者购买欲。这种描述甚至能让你觉得这个三明治的味道与众不同，也许会更好吃。这恰好是美食物理学家有意开展的实验，也正是他们想要分享的结果。

不过，也有一些人借取菜名的机会来吸引眼球。赫斯顿·布鲁门撒尔就曾因将他的一款新菜命名为"蜗牛粥"（'Snail Porridge'）而受到媒体的广泛关注；如果他给这道菜起个法式名字（"法式蜗牛汤"之类的），估计就没人会感到奇怪，这道菜的味道可能也会更像正宗法国菜。在丹麦（Denmark）的布洛（Bror），两位前诺玛（Noma）酒店厨师决定将他们的一道菜简单地命名为"团子"。这道菜就是在炸至红褐色的面包屑上撒上海盐，非常美味。

上海"紫外光"（Ultraviolet）感官餐厅的主厨保罗·派雷特（Paul Pairet）在他的餐厅网页上这么写道："什么是'心理味觉'？心理味觉就是味觉之外的一切。它是一种期待，一种记忆，一种超越味觉本身的意识。一切因素都能影响我们对味觉的感知。"你看，又一位世界顶级厨师清楚地认识到，就其是否能提供令人兴奋的就餐体验而言，"其他一切因素"非常重要。

当然，我们不仅对食物和饮料的味道怀有期待，还会对自己有多喜欢它怀有期待。我们也会对特定厨师所做或在特定场合所提供的食物怀有期待：把同一道菜放在现代主义餐厅、朋友家或飞机上等不同场合中，我们吃起来都觉得其味道截然不同。

　　毫无疑问，订餐也会让你有所期待，有时候找到或者去到一家很棒的餐厅也会让人非常开心。信不信由你，一些厨师在绞尽脑汁设计用餐体验的同时，甚至会考虑食客们将如何到达他们的餐厅。以西班牙的穆加拉茨餐厅为例，正如大厨安多尼（Andoni）所说："穆加拉茨指代的不仅仅是一家餐厅，也是通往餐厅的小径。从车里你便可以饱览田园风光。曲径通幽处让每一位来客都充满期待。穆加拉茨也代表着餐厅的环境。"

　　再拿法维垦（Fäviken）餐厅来说，它坐落于瑞典乡村的远郊，大致在斯德哥尔摩（Stockholm）西北方向 600 千米处，遗世而独立。如果你能一路舟车劳顿来到这家世界尽头的餐厅，定是合格的美食家无疑了。还有，罗卡之家餐厅（El Celler de Can Roca）一直位列全球最佳餐厅之首，它坐落在赫罗纳市（Girona）一个工业园区的尽头；因此，如果你邀请远方的朋友来这里吃晚饭，一定要推荐一条风景优美的路线。

　　"告诉我你的饮食习惯，我就能告诉你，你是什么样的人。"法国美食家琼·安塞尔姆·布里亚 - 萨瓦兰（Jean Anthelme Brillat-Savarin）在其经典著作——19 世纪 20 年代首次出版的《味觉生理学》（*The Physiology of Taste*）中如此说道。可能的确如此，但我很想换个说法："告诉我人们想吃什么，我就能告诉你他们尝到了什么味道，并判断出他们将会多喜欢这次用餐体验。"

　　期望值很重要，毕竟，我们几乎不可能在不知道某种东西是什么的情况下就把它吃下去，怎么着也会先预测一下这东西是什么，我们是否会喜欢它。我们对食物的反应总是会被自己的思想（或者说是我们的期望）左右，在我们纠结买什么、点什么、吃什么的时候如此，吃完了对其进行评价的时候亦如此。正是主观期望强化了我们的味觉体验，并对其产生十分重要的影响。

高价的大牌食品真会让人觉得好吃到爆吗？

一般来说，我们知道自己所吃食品、所喝饮料的价格。多数情况下，食品包装上还附有标签或具体说明。这些外在说明信息能显著影响人们对某种食物的香气、口感以及味道的感知，更不必说还能影响人们对它的喜爱程度了。

虽然我们早就知道价格、品牌及其他各种产品说明可能会影响人们对食品或饮料的评价，但直到近些年，人们也没能真正搞明白这些因素是如何对大脑处理味觉信息的方式产生影响的。

然而，最新的神经美食学研究表明，提供这类食物信息确实能够引起显著的大脑活动变化。在不同信息的刺激下，被激活的大脑区域及其活跃度都有所不同。更为重要的是，这些变化有时会影响大脑初级感觉区域的神经活动。例如，在一项品牌学的经典研究中，研究者会定时让研究参与者饮用两种著名可乐中的一种，与此同时扫描其大脑活动。

结果表明，不同的大脑活动模式取决于参与者认为他们喝的是哪个牌子的可乐。原来品牌能对味觉感知产生如此显著的影响，无怪乎盲测会成为商品测试的常用手段。然而，这种测试到底能告诉我们什么呢？不妨花点时间想一下，你有多少次在根本不知道自己吃的是什么的情况下，就把东西丢进嘴里了？

在对食品和饮料进行缺陷检测时，这可能是一种值得尝试的方法，但我认为，我们还是应该在充分考虑与消费相关的所有其他因素的情况下多做些测试。这样一来，我们将更有机会重新创造更为舒适的日常生活条件。

你花更多的钱买食品和饮料，它们的味道就会更好吗？我们当然知道不总是如此，但常常如此。为了验证这一观点，加州的神经学家以"社交型葡萄酒饮用者"（即学生）为对象，向他们提供关于红酒价格的不同信息，甚至是误导性信息，并研究此时他们的大脑中发生了什么变化。

一瓶 5 美元的葡萄酒会被标价为 5 美元或 45 美元，与此同时，一瓶 90 美元的葡萄酒也被标价为 10 美元或 90 美元，第三瓶酒则如实标价为 35 美元。当被试喝下少量的酒时，酒的价格就会呈现在显示屏上。在一些实验中，被试需要为葡萄酒的味道打分评级，而在另一些实验中他们则需要评判所饮葡萄酒让他们产生的愉悦度。

每个人都说他们更喜欢贵一点的葡萄酒而不是便宜的葡萄酒。至关重要的是，此时的脑部扫描分析显示，与价格相关的大脑奖赏中枢的血流量增加（图 1.1）。告诉被试他们所喝的葡萄酒更贵（不管他们实际上喝的是哪种酒）会导致其内侧眶额叶皮质（mOFC，大脑位于眼睛之后的一小部分）区域的活动增多。相比之下，初级味觉皮质（大脑中处理各种味道感官识别属性的区域，例如判断某物有多甜、有多酸等）的血流量却没什么变化。

更有趣的是，8 周后再向原来的被试呈上同样的葡萄酒，他们在没有任何价格提示且摆脱了脑部扫描仪限制的情况下，对愉悦度的判断仍旧没什么不同。以上最新研究成果表明，在中等价位区间内，进行误导性定价的效果可能会更好。因此，恐怕你就算磨破嘴皮子，也很难让人们相信你拿出来的价值 2 美元的恰克葡萄酒（一种廉价酒）是高级酒。

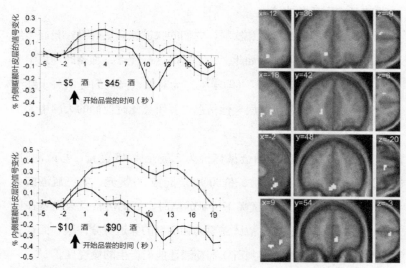

图 1.1　被试对所品尝的葡萄酒的反应与葡萄酒价格的函数如图所示，时间为 x 轴（以秒为单位），
　　　　内侧眶额叶皮质（大脑的奖励中心）的大脑活动信号变化百分比为 y 轴

　　试想一下，研究人员给了你一杯澄清的饮料，告诉你这杯东西要么非常苦，要么不怎么苦。如果当时你正好躺在脑扫描仪里，那么最早接受嗅觉和味觉信号的大脑区域产生的变化就很有可能被监测到。研究人员已经证实大脑皮质深处、中后岛叶区域的活动，可以通过对即将品尝到的味觉强度进行语言描述来调节。大脑奖励中心——眶额叶皮质（OFC）的反应也将随着人们对饮料苦味的预期而系统性发生变化。

　　在另一项研究中，研究人员将一种气味口头描述为"臭烘烘的奶酪"和"汗津津的袜子"，结果发现，人们认为前者听起来更令人愉快。大脑的反应又一次因为外部线索被改变了！

　　尽管这些神经影像成果无疑令人着迷，可我们更应该考虑到实验对象并没有身处自然情境之中。毕竟，你怎么可能平白无故地在周五晚上去实验室，然后让自己平躺在床上，将几英尺高的身体塞进狭窄的管道中，并让脑袋被紧紧夹住，无法动弹。

采取这种预防措施，为的是尽可能减少研究对象的头部运动，因为研究对象的头部稍有晃动，神经成像和数据分析的难度就会大大增加。可这还不是全部。还有一根管子会塞进你嘴里，定时给你喷几毫升葡萄酒。研究人员会告诉你先不要吞咽，给这酒的味道评个级再说。后来你终于咽下了这口酒，可嘴巴还要接受人造唾液的冲洗（这是真的！）。然后这一整套流程又重新开始了。

人们对食物来源的确信也会影响他们对味道的感知。例如，最近的一项研究证实了这一观点。一群美国学生得到了相同的肉制品（如牛肉干或火腿等），并被告知这些吃的来自于人工养殖和自然放养的动物。那些得知是自己所吃肉制品源自于人工养殖动物的学生，认为这东西不太好吃，又咸又油腻。他们也吃得更少，并表示只愿意用便宜的价格买这些肉制品。

关键是，另外三项独立研究也取得了类似结果。其中一项研究表明，将一种食品描述为有机的或自由放养的效果基本相同——尽管事实上，在盲测中，消费者基本无法分辨出测试食物的差别。如果把理论付诸实践，这意味着如果你买了一些有机的、自由放养的和人工喂养的食物，而你又想让客人品尝出其中的不同，那就最好让他们知道食物来源。

餐饮企业在这一领域也面临着挑战，尽管他们可能真的在努力改进配方，减少不健康配料的使用，但常有人建议他们不要给产品打上"低脂"、"少糖"的标签，因为这极有可能让消费者觉得食品的味道变了。但如果你对此沉默不语，消费者就可能察觉不到任何变化。健康尽在不言中，这才是正道！

这里需要强调的一点是，餐饮企业与现代派大厨的利益诉求会有很大不同。后者往往会为创造出非比寻常的、令人惊奇的或是蔚为壮观的作品而倾尽全力。在顶级餐厅用餐的食客，大多不太关注食物的健康或营养价值（你想，这极有可能是一锤子买卖），他们反而更想要惊喜和新奇的体验。相比之下，餐饮企业更感兴趣的往往是如何在保持热销品牌产品风味不变的情况下，逐步降低不健康成分的添加量。

一旦你知道食物的名称、标签、品牌和价格非常重要，可能就会开始好奇味蕾上到底发生了多少奇妙的变化。归根结底，还是口中之物和心中所想的交互影响决定了最终的品尝体验以及我们对它的喜爱程度。无论你是谁，无论你为谁洗手作羹汤，同时掌握美食学和美食物理学知识，都能帮你给人留下深刻印象。

为何有人觉得不放香菜的拉面没有灵魂，而有人看到香菜就抓狂？

告诉我，你觉得香菜的味道怎么样？你喜欢还是讨厌它？不得不说，大多数人都喜欢它的鲜香味道，觉得香菜吃起来跟柑橘一样清新。另一些人则恰恰相反，他们觉得香菜吃起来有肥皂味（有些人甚至觉得菠菜也有肥皂味），会让他们想起泥土、虫子或霉菌。后者通常不会吃任何放了香菜的食物。1597年时，约翰·杰拉德（John Gerard）甚至称香菜是一种"散发着恶臭的草"，它的叶子"有毒"。那么，究竟哪边是正确的呢？香菜到底是什么味儿的？

其实，双方都是对的，只不过多数人属于前者。爱吃香菜的人能占到总人数的80%甚至更多，确切的数字会因被试者所属的种族文化群体不同而不同。那些觉得香菜吃起来像肥皂的人，只是因为无法识别某种构成香菜特殊气味的化合物吗? 还是说那些觉得香菜好吃的人对某些东西的嗅觉丧失了? (无法闻到某些挥发性化学物质气味的学名叫做"嗅觉丧失"。)

没人知道确切答案。更要命的是,人们甚至不确定这种觉得香菜像肥皂的知觉本身,应该被描述为一种味道、一种气味抑或是什么别的东西。可无论它是什么,似乎都无法囊括在公认的基本味觉中。

虽然我在下一章中才会对这一问题深入探讨,但值得注意的是,大约每两个人中就有一个闻不到雄烯酮(一种由睾丸酮衍生而来的具有特殊气味的类固醇物质)的气味,他们在这种特殊的挥发性有机分子面前丧失了嗅觉。

同时,有 35% 的人觉得雄烯酮闻着有一种非常强烈的令人作呕的味道,像是把腐臭味、汗臭味和尿骚味混合在一起。(人们阉割公猪,就是为了尽量减少这种所谓的"公猪膻味"。)更糟的是,这些人还偏偏对这种化合物非常敏感:就算在浓度低于万亿分之二百的情况下,有的人也能敏锐地察觉到雄烯酮的存在。

而余下 15% 的人却说,他们闻雄烯酮就像在闻甜花香、麝香和木质香混合起来的味道。还有的人(比如我)闻着雄烯酮的味道就跟普通化学品一样,没什么特殊的味道。完全相同的物质却给人们带来了完全不同的体验!

人们在味觉感知上的遗传差异因地域和文化而异。就遗传性嗅觉差异而言,香菜和雄烯酮的例子仅仅为我们揭开了冰山一角。换言之,我们每个人都可能闻不到某些特定的化合物的味道,而这其中许多物质还与食物有关。例如,我们对异戊酸(奶酪散发的独特的汗酸味)、β-紫罗酮(有一种令人愉悦的花香气,像是紫罗兰的芬芳,会被添加到许多食品和饮料中)、异丁醛(闻起来有麦芽香)和顺-3-己烯-1-醇

（一种香草味添加剂）的敏感性，会表现出明显的遗传差异，大约有 1% 的人闻不到香草味。事实上，这意味着人们在感知这些化合物的能力上存在着很大的个体差异。

那么，谁又知道有多少品酒专家之间的争论可以归因于这种遗传性差异呢？举例来说吧，美国著名葡萄酒评论家小罗伯特·M. 帕克（Robert M. Parker Jnr）和英国葡萄酒大师詹西丝·鲁宾逊（Jancis Robinson）对柏菲酒庄（Château Pavie）2003 年出产的葡萄酒给出了不同评价。前者非常喜欢这款酒，而后者则对其大加抨击，更是给出了 12/20 的低分。

鲁宾逊说："过度成熟的香气让人非常倒胃口。为什么会这样？这酒喝起来跟波尔图葡萄酒一样甜，但波尔图葡萄酒最好产自杜罗河（Douro）产区，而不是圣埃美隆（St Emilion）。这酒更容易让人联想到晚收型仙粉黛葡萄酒（Zinfandel），而不是带有让人倒胃口的青绿色的波尔多红酒。"帕克则回应说，"从我的口味来讲，柏菲酒庄出产的这酒尝起来根本不像詹西丝描述的那样。"

那么，是这两位国际专家品尝同一种葡萄酒的方式不同吗？还是他们品尝到了相同的味道，只是一个喜欢而另一个不喜欢？抑或是对这两位明星品酒师来说，这款酒真的尝起来味道不同？

我自己根本无法闻到三氯苯甲醚（tri-chloro-anisol，简称 TCA）的味道，这种化学物质正是使葡萄酒的木塞受到污染的罪魁祸首。你一定可以想象得到，我的这种"嗅觉盲"是爱喝酒的同事们发现的最好玩的事情。

当一瓶木塞发霉的酒上桌时，他们会再点一瓶替换，并且从两瓶酒中各倒一杯放在我面前。我觉得这两杯酒喝起来味道是一样的，但朋友们却根本不会碰木塞发霉的那瓶酒。现实又一次证明，人们对

TCA 的敏感度也存在巨大差异。不过，笑到最后的人往往是我，因为当木塞被拔掉的葡萄酒喝完后，剩下的许多酒就只有我喜欢喝了！

我想说的是，我们都生活在不同的味觉世界中。有些人能够从食品和饮料中品尝出其他人尝不到的苦味（这些人通常被称为"味觉超感者"）。味觉超感者舌头前部的味蕾数量可能是其他人（也被称为"味觉较差者"）的 16 倍之多。人们不仅对苦味的敏感度有所不同，对咸味、甜味、酸味和食品口感的感知亦有所不同，只是都不像对苦味的感知差异那么明显。

与嗅觉敏感度类似，味觉敏感度很大程度上也是由基因决定的。事实上，早在 20 世纪 30 年代，科学家们就考虑用将味觉测试作为亲子鉴定的方式之一。除了对基本味觉的敏感度存在个体差异外，我们对不同味道的喜爱程度也存在显著差异。例如，有些人喜欢吃甜食，而另一些人（包括我自己）对甜食的态度则比较矛盾。

但为何人们对苦味的感知差异最为明显，对酸、甜、咸的感知差异就不那么明显呢？这可能要从远古时代说起。对苦味是否敏感的个体性差异，对我们的祖先来说可能非常重要。在食物充足期，味觉超感者会获得竞争优势，因为他们不大可能进食带有苦味的有毒食物。反之，在食物匮乏期，味觉较差者会获得轻微的竞争优势，因为他们摄入那些味苦但无毒食物的可能性更大，其被饿死的可能性也就随之降低。可对于其他味道来说，这样的观点就很难站得住脚了。

然而，喜食苦味食物不仅与味觉超常有关，也与心理变态倾向有关！正如最近一项研究的作者所言："偏爱苦味一般可作为马基雅维利主义、精神变态、自恋癖和施虐癖等心理问题的强力预测因素。"但是，这里强调的仅仅是一种相关性，而不是必然的因果关系——你喜欢味道偏苦的食物和饮料，可你并不一定是精神病患者。

有趣的是，最新研究表明，吃些苦的东西会使你的防备心增强。相比之下，吃点甜品却能让你感觉更浪漫，使你更有可能答应别人的约会邀请。更令人惊奇的是，那些坠入爱河的人会觉得白水也甘甜（这就是"有情饮水饱"的科学写照吧）。

与此同时，相较于输球一方，支持获胜曲棍球队一方的男性会觉得青柠雪葩的味道更甜。另外，美国斯坦福大学商学院市场营销学教授巴巴·希夫（Baba Shiv）与其加利福尼亚州的同事在报告中称，接触大量金钱可以改变人们的味觉阈限。看吧，事实再一次证明，人们对味觉的感知真的不仅仅是个味觉问题。

有些跨国食品公司已经将这种味觉感知差异利用起来了，就算是同一种商品，他们也会面向市场推出两个版本，一种专为味觉超感者量身打造，另一种则以普通大众为靶向。当然商品标签上倒不会这么写明，只是厂家会让市场自行区分。

请记住：试味员的身份是家族遗传的。我的母亲、哥哥、姐姐和侄女们碰巧都是味觉超感者，他们都觉得西兰花有股苦味，而我的父亲却尝不出来。我想，这就是父亲总是让我们这些孩子吃完饭桌上所有蔬菜的原因。我们猜想，他从来不知道这些绿色蔬菜对我们来说有多难吃。我们要是那时就知道人们生活在不同的味觉世界里就好了！

为什么粉红色的食物吃起来更甜？

味觉对我们的生存至关重要。从某种程度上说，有人可能认为味觉是人类最重要的感觉，它能帮助我们区分哪些食物有营养，哪些食物有毒。然而，仔细审视之后，我们发现它并不是那么重要，至少在感知方面不是如此。只需看下大脑皮质有多少区域在参与味觉感知，你就能明白这一观点了。

处理视觉信息时，超过一半的大脑区域都会参与其中，而仅有约1% 的大脑皮质会直接参与味觉感知。这是因为大脑能觉察外部环境的统计规律，根据颜色、气味等其他感官线索来预判某种潜在食品的味道和营养特性，例如，我们预计粉红色的食物吃起来会很甜。这能让我们事先评估摄入大量不同食物的可能后果，不必为了弄清它们是什么味道而先将其塞进嘴里。

最后，如果你能明白由其他感官设立的味觉期望，就能在调整人们的味觉感知中占据有利地位。这甚至能帮助那些正因不知如何让孩子吃更多蔬菜而恼火不已的父母。因此，无论你如何定义（或看待）味觉，显而易见的是，其他感官都在决定我们的味觉体验，而且在我们对这种体验的享受上发挥着超乎想象的作用。

在结束之前，让我向大家隆重介绍一下埃莉诺·弗里曼（Eleanor Freeman），格瑞兹（Graze）网上健康食品公司的高级零食发明家。她的味蕾已经被投保 300 万英镑[①]。此外，英国咖啡连锁企业咖世家（Costa）的意大利籍咖啡师詹纳罗·贝利西亚（Gennaro Pelliccia）为自己的舌头投保了 1 000 万英镑，而吉百利（Gadbury）巧克力公司的海莉·柯蒂斯（Hayleigh Curtis）也为自己的味蕾投保了 100 万英镑。但对我来说，这都是哗众取宠的噱头，因为在下一章中我们就会看到，顶级试味者真正需要担心的，是他们的鼻子。

---

① 2019 年，1 英镑约为 8.79 元人民币。——译者注

GASTROPHYSICS

第 2 章

嗅 觉

鼻子和嘴的交锋

想想你上次伤风感冒带鼻塞的时候，是不是吃什么都觉得没滋味？你想过这是为什么吗？相信我，你的味蕾一切正常，但在这种情况下，不是美味"逃跑"了，而是你捕捉不到食物的香气了。在你没有感冒的情况下，试着捏紧鼻子，让朋友喂你吃点东西，但别告诉你那是什么。此时，除非他们挑了一些味道非常冲的东西（能这么整人的怕也不是真朋友了），否则你根本难以辨别出自己吃了什么——是洋葱还是苹果、红酒还是冰咖啡呢？如果没有嗅觉的帮助，这些东西真的很难区分。

在这里，我们对两种不同的嗅觉方式做个区分还是很重要的。一种是所谓的"鼻前嗅觉"：即用鼻子去闻体外的气味。另一种是"鼻后嗅觉"：即我们进食过程中，吞咽动作会把挥发性的芳香分子从口腔后部挤压到鼻子后部。

用鼻前嗅觉感知食物香气特别重要，因为它能让我们，或者更确切地说，能让我们的大脑产生丰富的味道预期。大脑会想：这东西是什么味儿的呀，好不好吃，我会多喜欢它呀。但是，真正给我们的味觉带来多彩体验和有趣感受的，是与吞咽动作相伴而生的鼻后嗅觉。

可惜，很多时候我们都没意识到，许多我们本以为是通过舌头品尝获取的信息，实际上是靠鼻后嗅觉传递的。这在很大程度上是因为食物的香味就像是从嘴里散发出来的一样，好像非要用舌头才能感知到。这种奇怪的现象被称为"口腔转介"（oral referral）。

为了说明这一点，让我们来做个试验：用你的拇指和食指把鼻子紧紧捏住，然后把软糖丢进嘴里。你能尝到什么味道？你可能觉得有点甜，有点酸，或许还透着一丝辣（至少肉桂味的软糖会有一点点辣味）。嚼几下后松开鼻子，你会突然发现正在吃的是水果软糖，有橘子味的、樱桃味的等。但是，这种水果味会充盈在你唇齿间，而不是调皮地钻进鼻子里。这就是"口腔转介"在起作用，错把香气束缚到嘴巴里！

为什么香草闻起来有点甜？

对大多数人来说，香草味真的很甜。谈到焦糖和草莓的香味儿时，人们也会说那很甜。这很令人困惑，对吧？毕竟，我在上一章说过，"甜味"是一种味觉。那么，怎么能说一种香气闻起来有点甜呢？有些人会说，是我错了，这是一种联觉现象（对一种感官的刺激触发了另一种感官的知觉）。

有趣的是，食品公司会在冰激凌中加入香草香精来增加甜度。他们之所以这么做，是因为低温会降低味蕾的灵敏度，你将无法充分感知甜味——但你仍然可以闻到它。你一定有过误打误撞喝了一杯热可乐的经历吧？是不是突然觉得它甜到发腻？饮料本身的成分没有变，但味蕾传递给大脑的信号却随着饮料温度的变化而改变了。人们一般都只喝凉的可乐，因而生产厂商利用你的鼻子给可乐增加了

41

一些甜味。是不是把你说晕了？我估计是。

但要是反过来，说到味觉对嗅觉感知的影响时，事情可就大不相同了。该领域有一项经典实验是这么做的：先将某种饮品的甜度精心调试到一种令人难以感知的状态（换句话说，它尝起来像白开水），再让人们来品尝它。结果实验人员发现，当人们嘴里含着少许这种味道寡淡的饮品时，感知另一种饮料中樱桃杏仁香气的能力会突然显著增强。

然而，进一步研究表明，能产生这种效应的前提是味觉与嗅觉相一致。在西方人的饮品中加入阈下剂量的味精就无法产生上述效应，但对日本消费者来说，其反应则可能截然不同。换言之，这项研究表明，虽然每个人的大脑都会采取同样的方式整合感官信息，但特定味觉和嗅觉信息的组合究竟会增强还是抑制味觉感知，还得取决于一个人所处的饮食文化。

令人惊奇的是，人们能飞速习得这种技能，而这种现象会在我们的一生中不断发生。就拿清新的马蹄香味来举例吧（几年前，一项针对澳大利亚成年人开展的研究就用到了这种味道）。信不信由你，简单地将马蹄香味与口中或甜或苦的促味剂配对，不用超过三次，马蹄的香气就开始呈现与之相匹配的味觉特性。更值得注意的是，即便促味剂的浓度低于人们的感知水平，这种现象也会发生。

你可曾观察到这样一种现象？新鲜研磨的咖啡闻起来香浓欲滴，但当你真正去喝它的时候，反而觉得味道不那么诱人了。如果拿成熟的法国奶酪来举例，则情况刚好相反。你可能闻着它像是运动员臭烘烘的运动鞋（请原谅这个比喻），但只要克服心理障碍吃上一口，往往会得到超赞的愉悦体验。

究竟发生了什么呢？咖啡和奶酪为我们带来的愉悦程度的变化——也可以说是我们对某样东西的喜爱程度——正好表明"鼻前嗅觉"

（吸气时产生）和"鼻后嗅觉"（用鼻后部呼气时产生）的区别。正常情况下，我们非常善于凭借"鼻前嗅觉"传递的信息预测"鼻后嗅觉"反馈的食物味道。我们真的非常精通此道，以至于在无意识的情况下就能完成这一切。

多感官晚宴与嗅觉的单挑

放眼高端现代主义烹饪和分子调酒界，你会发现越来越多的人开始使用各种香气来烘托氛围或是调动情绪。这些香气会融入菜肴中、饮料里、餐桌上，有时甚至会弥漫整个餐厅（尤见于大厨仅为某个特殊场合服务、每位来宾会同时品尝同一道菜的场景）。

许多时候，这么做是为了营造一种特殊的氛围或情绪，勾起客人们脑海中的某段特殊回忆，而他们正在吃什么并不重要。例如，赫斯顿·布鲁门撒尔就在他的旗舰店——肥鸭餐厅中推出了一款散发着清新苔藓味儿的菜肴，即"青苔郁郁鹌鹑美"（Jelly of Quail with Langoustine Cream and Oak Moss），人们可以看见袅袅白烟从桌上中央放置的青苔盒子上翻滚出来（图 2.1）。

我想，没有人会一想到绿色蔬菜就垂涎欲滴，但巧妙的使用香气，确实能让食客生出身临其境之感，从而增强他们的就餐体验。在芝加哥的阿丽尼（Alinea）餐厅，当"马蹄鱼贝花争妍"（Wild Turbot, Shellfish, Water Chestnuts, and Hyacinth Vapor）这道菜上桌时，服务员会把热水浇在一碗风信子花瓣上，使得周围花香四溢。这家餐厅的名厨格兰特·阿卡兹（Grant Achatz）做的"秋日记忆"也是一绝。野鸡配上葱和苹果汁凝胶，再佐以燃烧的橡树叶，如此熟悉的味道，一下子就勾起了人们关于童年秋天的快乐回忆，而这道菜的用意也就在于此。

图 2.1　肥鸭餐厅呈现的一道香气四溢的菜品，
青苔的气息氤氲在餐桌上，充斥在食客的口鼻中

　　当然，使用背景香气时也要把握一个限度，否则过犹不及。一位食客在猫途鹰（TripAdvisor）上发帖，描述他们在肥鸭餐厅的就餐经历。他写道："最后一道菜是'晚安曲'（或者叫'数绵羊'）。我想着这是为了让人想起小时候，但那股婴儿爽身粉的味道也太重了，我们吃饭时可不想闻到这种味道！"

　　虽然这道菜留给我的印象并非如此，但这位食客的话确实给大厨们提了个醒，使用背景香气也是有风险的，因为背景香气可能与食物本身的香气相冲。更糟的是，人们稍不留神就会把外界的气味也错误地定位到口腔中，从而融入他们的饮食体验里，这就使得厨师们面临的挑战更为严峻。（你看，"口腔转介"又来了！）

　　幸运的是，美食物理学家们有几条锦囊妙计可以传授给现代主义大厨或分子调酒师，以便他们能略施小计，让食客的大脑主动将背景环境中的香气与眼前美食的香味区分开来（当然，前提是这么做必须正中厨师们下怀）。

确保不同的气味在不同的时间点相遇，就是一个解决问题的办法，因为这能让食客更容易在食物和饮料之外的其他东西中识别背景气味。阿卡兹把橡树叶和风信子放在十分显眼的地方，可能就是出于这种考虑。关键是，这种方法能让背景香气的感知源被正确地定位到食物之外的其他东西上。

闭上眼，想象描绘一下这样的场景：一块滴了玫瑰精油的方糖被丢进一杯香槟里，咕嘟咕嘟地冒着细密的小气泡；这酒就摆在你面前，杯中散发出阵阵英国玫瑰园的芬芳，这香气温柔地将你环绕。不知不觉间，你发现自己仿佛回到了记忆中的某个地方，夏日的午后时光静好，香气缠绵，令人心旷神怡。这正是科尔布鲁克街 69 号酒吧（69 Colbrooke Row）的顶级调酒师托尼·康尼里诺（Tony Conigliaro）想带给你的非凡体验。

康尼里诺利用气味唤起了人们愉快的记忆和联想。这种方法的独特优势在于，与我们的其他知觉相比，嗅觉与大脑情感和记忆回路的联系更为密切和直接。事实证明，我们鼻子里的嗅觉感受器实际上是大脑的延伸。事实上，从鼻子内部的嗅黏膜细胞到控制我们情绪的大脑边缘系统的这段距离中，也不过就出现几个突触而已。相比之下，其他感官信息则要穿过更长的路径才能传递到大脑的情感中心，因此它们更容易被过滤掉。

然而，对于一场需要充分调动嗅觉等多重感官的晚宴来说，挑战在于如何在下一道菜上桌之前清除掉上一道菜的气味。正是这一关键性问题使得香气电影的早期尝试遭遇了滑铁卢——还有人记得嗅觉电影（Smell-O-Vision）吗？

如果嗅觉真的是味觉体验的重要组成部分，真的是触发我们情绪、情感和记忆的有效手段，那么从美食物理学的角度来讲，本章中提到的任何一种创新方法就都是有意义的。然而，那些无缘在上述热门美食打卡地就餐或者喝一杯的人可能会想：我到底应该如何运用这些知识呢？别着急，下一节中我就会和大家分享一些增加食物香味的有趣方法。可以肯定的是，尽管现代主义厨师、分子调酒师和烹饪设计师已抢占了先机，引领了餐饮行业的新航向，但食品和饮料制造商也不会永远落后的。

食品公司如何放飞罐装饮料的香气，让你在打开瓶盖前就爱上它？

上述已经提及气味对增强饮食的愉悦度来说非常重要，但反观我们的日常饮食经历（尤其是喝饮料的经历），大部分并没有被优化到足以提供最佳"鼻前嗅觉"体验的状态，这是很令人惊讶的。或许，不良嗅觉设计的最佳（抑或是最糟？）例子就是那些塑料盖子，人们常常用它们封住数以百万计的热咖啡。

诚然，杯盖可以让你在喝咖啡时不必担心咖啡洒出来，可同时也剥夺了你闻到醉人咖啡香的机会。如果你手上这杯咖啡恰好是新鲜现磨的，就尤其不幸了，因为你错过的可是一种广受人们喜爱的香气呀！当我们简单粗暴地直接拿起瓶子或罐子喝饮料时，也会发生同样的问题。这就是饮食体验中缺少嗅觉冲击的又一例证！我们能闻到饮料的香气，也能尝到它们的味道，但无论我们怎么努力，都不可能同时两者兼顾。要是再用上吸管，那情况就更糟了！

问题已然明了，我们该如何解决呢？就设计方面而言，有多种简便易行的解决方案可供选择，比如说重新设计杯盖的形状，或在杯盖上开两个小口，以便让咖啡（或茶）爱好者在啜饮时也能闻到饮品的香味。这就是维奥拉公司（Viora Ltd）提出的创新型人体工程学杯盖设计方案。这种新颖的设计，让消费者无需打开盖子就能闻到咖啡香。

这算是一种常识，对吧？可如果是这样的话，你就该扪心自问了，为什么花了这么长时间才有人想出这种解决方案呢？我怀疑，这又是"口腔转介"惹的祸。鼻后嗅觉参与味觉体验的事实并非那么显而易见，因而没人肯费心将其纳入他们的设计中。

另一个有趣的解决方案来自皇冠包装公司（Crown Packaging）。该公司设计了一种顶端完全敞开的饮料罐（图 2.2），好让口渴的消费者可以看到内容物。更重要的是，与传统饮料罐（比如顶部只有泪滴状开口的易拉罐）相比，用这种新型罐子喝东西时，人们更容易闻到饮料的气味。

图 2.2　两种增强嗅觉体验的设计：左边是维奥拉公司设计的杯盖，右边是皇冠公司设计的饮料罐

传统酒杯、饮料瓶的设计，要么是牢牢把气味阻隔，要么就走向另一个极端——因缺乏保护措施而使得饮品的香气早早散尽，以至于我们依旧无法闻到醉人的香气。这里让我们以一品脱啤酒为例。

想当年，所有的陈贮啤酒都一个味儿，盛酒的玻璃器皿顶部有没有设计保护空间也显得不那么重要。然而，随着近几十年来手工精酿啤酒革命的兴起，如今人们愿意花大价钱购买各种各样的酒（为了换换口味，因为不同品种的酒，味道确实不同）。传统品脱杯往往会装得满满的（通常啤酒都会溢到边缘），可问题在于啤酒上部没有任何顶部保护空间，这就意味着啤酒的香气无法聚集。

所以，如果我们认为饮品的气味更强烈些是件好事，那或许就应该重新考虑玻璃杯的设计了。毕竟人们每天要喝那么多啤酒。有人可能要问了，那你这位美食物理学家在这儿推荐什么呢？

你可以先看看葡萄酒行业里发生了什么新鲜事，或许会从中找到灵感。毕竟，有关葡萄酒的研究比对其他饮品的研究多了整整10倍左右（大概是因为研究人员喜欢喝葡萄酒吧）。首先，我们会发现葡萄酒杯永远不会装满。无论对错，总有人相信留出一截顶部空间很重要，这是为了留存杯子里的酒香，以便取悦品尝者的鼻子。事实上，葡萄酒的品质越好，酒杯里留白的空间就越大，至少看起来是这样的。

当然，有人可能会说，酒杯满不满根本就不重要。毕竟，只要如饥似渴的饮酒者从杯子里喝上几口，所谓的顶部保护空间不就自然有了吗，所以为什么要担心这个呢？但我们必须切记，最初闻到的气味往往会让人们为即将品尝的东西设定心理预期。而这些期望极大程度地影响着并最终锁定了随后的品尝体验。你喝到的第一口酒是不是比中间畅饮的任何一口都重要（更不用说更享受）？这两者带来的体验又肯定都比最后一口好，尤其在一杯酒见底，只留下一些沉淀物时，这种感受更为明显。所以，如果我们重视啤酒的味道和香气（我们理应如此），就应该保证第一次端上来的酒没有装满杯子，杯子里能留有一点点赏味空间。

　　当然，这么做有一定风险，普通啤酒爱好者已经太习惯于看到自己的酒杯总是满满的了，以至于如果少给一些的话，他们可能会觉得自己被骗了。解决这一难题的另一种方法，可能只是掸去那些老式饰花玻璃杯上的灰尘，把它们重新用起来，它们可是都跟自己的专属杯盖紧紧相连呢（图 2.3）。早在 1886 年，就有一位早期品酒师如此记载："这么做的目的是为了留住从啤酒表面释放出来的气体。"而我更愿意把它想成 130 年前的智能嗅觉设计成果！

图 2.3　有盖子的饰花玻璃啤酒杯：智能嗅觉设计的早期例子

把松露油滴在餐叉上，竟比滴在浓汤里更能挑逗吃货神经

你有没有发现，在机场的公共区域里几乎闻不到什么香味，可要是走进火车站或者书店，你肯定能闻到咖啡的味道。相比之下，机场似乎是嗅觉的真空地带。也就是说，下次你途经伦敦希思罗机场（Heathrow Airport）的航站楼时，完全可以稍作停留，去"完美主义者咖啡馆"（The Perfectionist's Café）吃点东西。如果你去了，我强烈推荐他们家的炸鱼块和炸薯条。这道菜可能会让你大吃一惊，它使用了雾化器来散发醋的香味。下面我们将会看到，这只是创新型人才为餐桌上的菜肴增加嗅觉元素的一种方式而已。

在过去的几年里，伦敦的大厨约瑟夫·优素福（Jozef Youssef）不断尝试在他做的菜品中加入雾化的芳香分子。比如，在他的"元素"主题晚宴上，每位用餐者面前都有一只盛着山羊奶油芝士韭菜肉汤的碗，碗里被喷上了土腥素，于是一股混着青苔的泥土味扑面而来。

同时，在一座难求的"通感"（Synaesthesia）晚宴上，这位大厨为黄油浸煮龙虾喷上藏红花香氛，以取代白白的味噌浓汤。听起来很简单，对吧？所以，你为什么不在下次邀请客人用餐时试试这些方法呢（比如给你的客人喷点香氛）？你大胆做就对了，他们只会感谢你唤醒了他们的感官，让他们食欲更好，吃东西更加津津有味了。而你只需准备一个干净的小喷雾瓶，把你的"食物香氛"放进去就可以了。

然而，真正值得称颂的是菲利普·托马索·马里内蒂（F. T. Marinetti）以及意大利的未来主义者，20世纪初首次将喷雾器带到餐桌上的正是他们，尽管他们这么做不是为了给食物增香。如果他们的食客们在吃东西时傻傻地抬头看，就有可能被喷一脸康乃馨味儿的香水。遗憾的是，这种做法对多重感官进食体验的影响没有被后人记录

下来！不过未来主义者的做法更像是一种挑衅，而不是为了提供最佳的多重感官用餐体验。

　　现如今，极具创意的厨师和调酒师用烟雾枪来为他们提供的菜肴和饮品制造必不可少的香味（图 2.4）。装满干冰的云雾制造器可以让创意十足的香氛师为菜肴或饮品添上浓郁的香气，这香气能凝结成云雾状，更可以把这雾气引到餐桌旁、吧台上或是瞠目结舌的顾客面前。来吧，别害怕……

图 2.4　烟雾枪：厨师们的好朋友？

　　你可能不知道，带香味的包装已经在市场上存在了好多年。就拿常见的巧克力雪糕来说吧，每个人都喜欢巧克力的香气，可真正的巧克力在冷冻状态下根本散不出诱人的香气。制造商会试着在密封的包装袋里加一点合成的巧克力香来弥补失去的香味，以便消费者撕开包装时能闻到巧克力味儿。然后，消费者会很自然地以为这味道来自包裹着冰激凌的巧克力脆皮本身。毫无疑问，并不是每个人都会使用这种香味驱动型包装。说实话，想给消费者提供一种被包装锁住的纯正的巧克力香味是很困难的。

有报道称，咖啡公司会把各种芳香物质（据说有些物质是从臭鼬的臀部提取的，不过这可能是杜撰）充入袋装咖啡的顶部空间。这也许就能解释为什么很多人第一次打开一袋咖啡时的体验会如此美妙了。一股浓烈香气直击你的鼻孔，而你坚定不移地认为这是新鲜研磨咖啡的怡人香味。但你应该再追问一下，为什么在你随后打开包装时，这种体验就总会令人失望呢？

另一个利用设计来改变味道的有趣例子，就是 2016 年推出的 The Right Cup。这种玻璃酒杯的内壁色彩斑斓，能散发出水果的香气。苹果味的杯子是翠绿色的，柠檬味的是黄色的，橙子味的除了橙色也没其他选择了。这款杯子的设计理念是，让消费者可以把白水喝出果汁的味道。我敢打赌，杯壁提供的颜色线索对品尝体验来说十分重要。

无独有偶，2013 年，百事可乐公司（PepsiCo）申请了一项在饮料包装中使用香气胶囊的专利。当消费者拧开盖子时，这些香气胶囊就会破裂，香味会被释放出来。他们的想法是，更好的香味体验应该通过包装而不是产品本身来传递。

加拿大的 R 分子公司（MoleculeR）出售一套大约 50 美元的芳香叉子，包含 4 个一组的金属叉子、一袋子可插入叉子末端的圆形吸水纸，以及 20 个小药瓶，里面装着用于提升食物香味的不同香氛。我还没用过 The Right Cup，但我用过芳香叉子，我的使用经验是，你必须非常小心，否则这些香气很容易让人觉得这是人工合成的。

我在英国广播公司第 4 频道的《厨房内阁》（*Kitchen Cabinet*）节目上给客人们试用过这种增强香味的叉子，他们的真实反应也是这样。可这并不代表我们能很好地分辨出一种香气是人造的还是天然的，实际上，一般情况下我们根本无从分辨。可问题是，目前芳香叉子套装中出售的许多香味闻起来既廉价又不自然，大多数人肯定不喜欢我们的食物吃起来就像是人造的。

　　我仍然相信 R 分子公司的说法，他们的创新型叉子是忘记给菜肴加入某种特殊食材的家庭厨师的理想之选。据我所知，它最有价值的用途就是取代一些特别昂贵的食材。例如，我可以想象得到，在叉子上滴几滴优质松露油，肯定比随意在食物上洒上同等数量的松露油更能带来愉悦的饮食体验。藏红花的雾状香气也能以类似的方式使用，据说 1 克藏红花可比 1 克黄金还贵呢。所以你愿意在家里试试这种方法吗？可以先在木制的勺子或叉子上滴几滴香喷喷的东西，再将其给客人使用，保证你能提供给别人一种不同的用餐体验！

　　这与慢食文化截然不同，但消费者应该意识到，他们花很低的价格就可能得到更美妙的体验，或品尝到同款味道（至少就松露、藏红花和其他昂贵的食材来说是这样的）。天晓得在以后的几年里，芳香叉子或另外一些既美观又能取悦人的餐具会不会彻底改变我们的饮食方式呢。

　　从长远来看，这种给食物增香的方法能否成功，最终取决于能否以合理的价格提供优质的香气。请记住，芳香叉子里的香味本质上是人工合成的（而不是天然的）。一旦人们发现自己闻到的味道并非来自食物或饮料，而是来自餐具、玻璃器具或包装，他们就可能觉得这味道是人造的。

　　无论正确与否，从香薰蜡烛到加工食品，接触到人造香料或香气总会让人们感到恐惧。正是因为确信及担忧这种香味是人造的或者"化学合成"的（当然，其实所有的芳香分子都是化学物质），人们在体验这些产品时所能享受到的愉悦程度会变低。

你有没有发现，现代主义大厨明着暗着都在强调他们所用的外源香气源于自然。阿丽尼餐厅用热水浇在风信子花瓣上，使其散发出自然的香气，而不久前去世的芝加哥摩托餐厅（Moto）的大厨荷马洛·坎图（Homaro Cantu）则在餐具柄上使用新鲜的药草枝。增强嗅觉的食品包装、玻璃器皿和餐具为我们打开了一个全新的世界，我们只能等等看未来的消费者对其有什么反应。毫无疑问，食品公司连同香料公司，都将从厨师和调酒师的探索中汲取经验，并想出增强其新型嗅觉加强设计的自然性的最佳方案。

浓郁的菜香如何使你胃口大开，还吃不胖？

到目前为止，我们一直在讨论如何以更有效的方式利用嗅觉来传递食物和非食物的香气，来增强多重感官的香味体验，或调动某种情绪、记忆或情感。但诱人的香气是否也可以促进更健康饮食习惯的养成呢？

时间倒流回 20 世纪 30 年代，有人发现意大利的未来主义者们（是的，又是他们）提出了这样一个观点："在完美的未来主义筵席上，有些菜品会依次让就餐者闻闻，以便勾起他的好奇心或提供恰当的对比，但这些辅助菜是不会被吃掉的。"

相同的观点在伊夫林·沃（Evelyn Waugh）1930 年发表的小说《邪恶的躯体》（*Vile Bodies*）中也有体现："他在床上躺了一会儿，回想着食物的香气、炸鱼的油腻气息以及那随之而来的感人至深的气味；还有面包店那醉人的气息和包点带来的沉甸甸的感觉……他计划着正餐，要把迷人的芳香食物拿到鼻子前闻一闻，然后就扔给狗吃……吃饭，吃饭，没完没了的吃饭，从日落到黎明，人们可以孜孜不倦地变换口味，同时深深地吸几口陈年白兰地的酒香……"

嗅觉对味觉体验的作用，远比我们想象的更为重要。你可能会质疑，既然如此，那人们为什么不单单享受美食的香味而不要真的开吃呢？这至少是嗅觉晚宴背后的一个想法。然而，不用美食物理学家说你也知道，我们对美食的渴望是不可能光靠闻味儿就满足的。

然而，越来越多的公司开始把传递食物香气视为终极目标。只要带上咖啡吸入器，无论身处何地，你都不用去咖啡店就能闻到咖啡香；同理，闻到巧克力香也不是什么难事。

烹饪艺术家萨姆·彭帕司（Sam Bompas）和哈利·帕尔（Harry Parr）的"酒精建筑"（Alcoholic Architecture）正适合拿到这里来举例。这两位英国果冻商已经进行了一系列有关"云酒吧"设施的尝试，顾客们可以在一个充满杜松子酒和奎宁水雾气的空间里呆上 15 分钟左右。还有所谓的酒精蒸发器（Vaportini），这种小工具能缓缓加热你的饮品并聚集其香气，以便你能直接吸入它们，从而增强你的体验。

这些听起来都很有趣，但我真不觉得嗅觉晚宴的设想会很快流行起来。因为我很怀疑大脑在不吃东西的情况下是否能真正得到满足。正如食客网（Eater.com）的创办人洛克哈特·斯蒂尔（Lockhart Steele）所说："在餐饮世界的一角，新奇就是一切，而无论其多么转瞬即近……在黑暗中吃饭，在吃饭时不交谈，剩下的就只有'吃吃为不吃'（光看不吃）了。"我们将在第 5 章中看到，嘴巴的触觉和味觉刺激似乎是促使我们大脑产生饱腹感的关键。

这并不代表，在我们真正吃东西或喝饮料时增强食物的香气（我称之为"增味"）是个坏主意。最近的一项室内研究表明，女性被试在喝番茄汤时，香味增强会使她们更快产生饱腹感。在这种情况下，仅仅增加菜肴的嗅觉成分就能让人们少吃近一成的食物。因此，我们要是知道如何更有效地刺激感官，就很可能会更快吃饱喝足。这些研究成果支持了这样一种观点，即增加食物和饮料的香味（如通过食品和饮料包装或是散发香味的餐具实现这一目的）不仅可以给人们带来更多乐趣，还可以让你吃出小蛮腰。

食品连锁店的营销神器：让食物香气钻进鼻孔里

你最近去过希尔顿逸林酒店（Hilton Doubletree）吗？要是去过，你肯定很熟悉回荡在酒店大厅里的香甜的饼干味儿。你对柜台后面的服务员微微一笑，他们很可能会递给你一块新鲜出炉的饼干。我们再一次看到一种诱人的食物香气与一件意外之礼结合起来之后给人带来的惊喜（至少你第一次下榻是这样）。从知觉营销的角度来看，这绝对是个好主意。我必须承认，我是这家酒店的常客，同时也忍不住为自己担心，身处如此高热量的甜食香气包围中，会促使我吃掉一块平时碰都不碰的饼干。

我祖父曾在英国北部开过一家杂货店，他会在柜台后面撒上一些优质的咖啡豆（图 2.5）。当顾客进店时，他就用脚踩碎咖啡豆，使之散发出咖啡香，希望借此勾起客人购买咖啡的欲望。我一直对食品店为尽力招揽顾客而不断使用诱人的食物香气的情况见怪不怪，但是，所有这些有关气味的营销真的能在我们还没打算吃东西的情况下激发我们的食欲吗？

以食物为基础的香气营销日益商业化，这会给我们带来什么影响？我们真的需要深入了解下。那些闻到食物香气的人，不仅对散发着这种特定香气的食物垂涎欲滴，还对成分相似的其他食品和饮料也兴趣盎然了。也就是说，接触一种高热量的甜食会使得我们对其他气味相似食物的食欲增加。

图 2.5　我祖父在布拉德福德（Bradford）开的商店，半个世纪前，这里就用上了知觉营销学知识

你注意到了吗，食品连锁店在商场中开门店时很讲究选址，他们倾向于选择能够充分散发其标志性香味的地点，且往往要想着使用效果最差的排风扇都得将气味散发出去，如此一来，他们就能让食物的香气更多地钻进消费者的鼻孔里。

现在，让我来跟你说一个更可怕的想法。你有没有想过，当全球变暖、过度捕捞或农作物病害正在耗尽我们的食物时，世界会发生什么变化？艺术家米丽亚姆·西蒙（Miriam Simun）和米丽亚姆·桑格斯特（Miriam Songster）对巧克力、鳕鱼及花生酱这三种目前已经供不应求的食物在未来会被如何享用的问题提出了设想。为了证实他们对未来的看法是否可信，他们于 2013 年驾驶着幽灵食品车（The Ghost Food Truck）从费城（Philadelphia）出发前往纽约，一路寻找客人参与实验。

那些参与这项了不起的实验的人会被要求戴上面具，但他们可以先闻闻自己要吃的东西。一位讲解员描述道："你拿到实验样本时，一个看起来很像医用呼吸管的东西也会同时呈现在你面前。当你把食物拿到脸旁时，这个充盈着合成巧克力香、鳕鱼香或花生酱味道的球状物就刚好能凑到鼻子附近。一旦你吃完这些食物（主要是植物蛋白和藻类），服务员就会把球状物取下来拿走，为下一位客人清理位子。"

一旦这种关于未来世界的反乌托邦描绘成为现实，一个多世纪前菲利普·托马索·马里内蒂提出的盘子里的食物"可嗅闻而不可品尝焉"的想法（参见最后一章内容获取更多有关未来主义者的信息），可能就比我们所有人的想象更接近真相。一言以蔽之，理解嗅觉对味觉体验的价值，是我们的必修课。

下一章里，我们将探索视觉对味觉的影响，并将仔细研究"食物色情"（gastroporn）的惊人崛起和最近在远东地区出现的吃播（吃饭直播）。我听到你在问那是什么，嗯，恐怕你只能等着瞧了……

GASTROPHYSICS

第 3 章

· · · · · · · · · · · · · · · · · · · 🍄 🍒 🥦 🥕 🍆 · · · · · · · · · · · · · · · · · · ·

视 觉

一大波「美食色情图」正飞奔而来

大脑是最需要血液的身体器官，虽然其重量只占体重的 2%，却用掉了约 25% 的总血流量（或能量）。鉴于我们的大脑已经进化到了能够找到食物的程度，那么，当"饥饿"的大脑接触到令人垂涎欲滴的美食图像时，脑血流量会明显增加也就不足为奇了，而添上美妙的香气会使这种反应更加明显。眨眼间，我们的大脑就会做出判断：我们有多喜欢自己看到的食物以及它们的营养价值有多高。注意，你可能开始理解"美食色情"背后的理论了。

当我们思忖着美餐一顿时，无疑会听到肚子在咕咕叫。观看"美食色情片"会让人流口水，并导致消化液的分泌增多，因为肠道都为招待即将到来的美食做好准备了。

只是观看美食图片也能产生同样的效果。研究表明，当大脑对令人垂涎欲滴的美食图片（即"美食色情图片"）做出反应时，包括味觉中枢和奖赏区域（分别是脑岛 / 岛盖及眶额叶皮质）在内的一连串大脑区域（或网络）会被广泛激活。这种神经活动的增加程度，以及不同大脑区域间连接的增强程度，通常取决于观看者有多饿、他们是否在节食（或者说他们是否是限制性饮食者）或是否过度肥胖。举例来说，即便在饱腹状态下，肥胖者对食物图像的反应也很明显。

公元 1 世纪时，罗马美食家兼作家阿比修斯（Apicius）说出了这句格言："人们总是用眼睛初尝美味。"到如今，一道菜的外观形象，不说比其味道本身更重要吧，也至少与其一样重要。铺天盖地的美食图片来自于社交媒体投放的广告，来自于电视烹饪节目，它们无处不在，我们不断被其轰炸，根本无法摆脱。然而，不幸的是，那些看起来最好吃的食物（或者说，我们大脑最喜欢的食物）通常不怎么健康，甚至最不健康。稍后我们就会了解到相关信息。

如今我们被越来越多令人垂涎欲滴的美食图片所环绕，我们被勾引着步入了不健康饮食行为的陷阱。2014 年和 2015 年，食物在互联网上的搜索量排名第二（仅次于色情作品）。如果要追责，这可能不仅是营销人员、食品公司和厨师的罪过；越来越多的人正在积极地寻找美食图片——如果你愿意的话，可以称之为"数字觅食"。我很好奇，再过多久食物的搜索量就会跃居榜首？

蓝色牛排和绿色薯片让人大倒胃口的原因是什么？

视觉对味觉的影响很大，同样地，我们所消费食品或饮料的颜色（红的，黄的，绿的等）及其饱和度，也会影响我们的嗅觉感知。例如，葡萄酒的颜色发生改变时，人们的期望值及之后的品尝体验就可能随之发生根本性改变。有时候，即便是专业人士也会上当受骗，他们拿着一杯深红色的葡萄酒，认为自己闻到了红葡萄酒的香气，但实际上这是一杯刚刚被人为上色的白葡萄酒！

在不同历史时期，都有科学家自信地断言，颜色和味道之间毫无联系。其中的一些人还相当杰出，比如心理学教父赫尔曼·路德维希·费迪南德·冯·赫尔姆霍茨（Hermann Ludwig Ferdinand von Helmholtz）——这名字长到绝对不会被搞混！而现在有一些艺术家却走上了另一个极端，他们邀请公众来"品尝颜色"。我不得不说句公道话，我认为双方都做得不对。颜色与味道肯定有关联，但我也不相信只靠展示合适的颜色，你就能凭空创造出一种味道。

想想伦敦大厨约瑟夫·优素福为"厨房原理"（Kitchen Theory）的"通感"晚宴创作的开胃菜吧，它是在交叉模态研究实验室最新研究成果的基础上发展而来的。最近几年，我们一直在研究世界各地的人们会将何种颜色与何种味道联系起来，以及哪些颜色能让人们自然而然地想起四种最常提到的基础味觉。这些研究成果直接被厨师运用到了菜肴设计中。

如果你到优素福的餐厅就餐，那么四勺经过特殊处理的色彩不同的调味料就会放在你面前——一勺红的，一勺白的，一勺绿的，一勺棕黑色的。一旦四色勺子摆放就位，就会有人告诉食客说，厨师推荐他们先尝咸味，再尝苦味，然后是酸味，最后以甜味结束。厨师的安排是，让食客以咸、苦、酸、甜的顺序从左到右依次摆放这些勺子。食客这可犯难了，到底哪勺是甜的，哪勺是苦的呢？

摆好自己的勺子后，食客们通常会环顾四周，互相交换意见。无论在餐馆里还是在网络上，大约有75%的人会按照厨师（和美食物理学家）的预期摆放这些勺子。基于上述结果，我想说的是，味道与特定的颜色之间绝对有关联。

颜色可以用来改变人们对口中食物的味觉感知。例如，我可以通过给食物或饮料加点粉红色来使其变得更甜，不过到目前为止，我还没见过给人倒白开水时这么做的。而把水变成酒，目前来说还不现实，即便是处于游戏顶层的美食物理学家也无能为力（上一章中，The Right Cup 的发明者承诺要做到的差不多就是这个）！虽然如此，一家食品或饮料公司还是能通过正确选择产品颜色或包装的方式将人们感知到的甜度提高 10%。正如他们所说，小差别会带来大不同。

有些人想知道，添加颜色和添加糖的效果是否相同。在心理因素诱导下催生的甜度增加的品尝体验，一定跟化学因素诱导的体验不同吧？好吧，我们拿事实来说话。比较性试验的结果表明，人们有时认为一种颜色鲜艳的饮料（一杯粉红色的饮品）比一种颜色让人不适的饮料（如绿色的）更甜。即使后者中多加了 10% 的糖，实验结果也不会改变。换句话说，心理诱导所致的味觉增强体验确实与真品难以区分，至少有时如此。不含卡路里的甜味——现在谁不想要呢？

我们对食品颜色的反应不是一成不变的，而是会随着时间的推移而改变。几十年前，市场营销专家和文化评论家会告诉愿意听从他们劝告的人说，蓝色食品永远卖不出去。然而，几十年后的今天，我们有了酷酷的蓝色佳得乐（Gatorade），思乐冰（Slush Puppy）和伦敦杜松子酒公司（London Gin Company）也都成功推出了几款蓝色饮料。

一家西班牙公司甚至于 2016 年推出了一款蓝色葡萄酒。由于蓝色在自然界中十分罕见，食品制造商通常只是将其作为一种营销策略，让其站在货架上以吸引消费者的注意。然而，当人们真正去品尝这种引人注目的饮料时，问题往往随之而来。看到透明的蓝色液体，会让消费者对这种饮品的味道产生一种心理预期，如果他们的期望与现实不符，制造商就很可能要面临头疼的问题。

事实上，你可能会惊讶地发现，这么多年来，许多公司一直在寻求帮助，他们明明只改变了产品或包装的颜色，其他一切如故，可消费者调查小组和焦点小组却告诉他们，产品的味道变了。例如，一个漱口水生产商告诉我，人们觉得他们生产的橙色漱口水不像常规的蓝色漱口水那么涩，尽管这两者的配方完全相同。但是要等你了解到多感官整合规则（控制大脑与感官信息相结合），讨论这些才有意义。此时，我想到了"感觉优势"——大脑用一种感觉来推断其他感觉。

颜色对食物味道的影响取决于食物本身。就肉类和鱼类而言，蓝色会让人特别反感。在我最喜欢的一项"使坏"实验（伦理委员会肯定会叫停这种实验）中，一位名叫惠特利（Wheatley）的营销人员邀请了一群朋友吃晚餐，菜品有牛排、薯条和豌豆。开始用餐时，大家可能因为灯光实在太暗了，什么都看不清。这其实是为了隐藏食物的真实颜色。吃着吃着，灯光就被调亮了，这时惠特利的客人们突然发现，他们吃的牛排是蓝色的、薯条是绿色的、豌豆是鲜红色的！显然，许多人明显开始感觉不适，有几个人直接起身去了卫生间！

圆柱形的吉百列巧克力棒，尝起来为什么会更甜？

这是又一个凭直觉肯定会回答"当然不会"的问题。然而，在过去的十年里，我在世界各地的美食和科技节上游走，让人们品尝不同的食物，同时请他们告诉我什么东西吃起来更像"布巴（bouba）"，而什么吃起来像"奇奇（kiki）"。我从中发现了很多乐趣。如果你根本不知道我在说什么，别担心，看看图 3.1 就明白了。看看天平两端所示的形状，然后问问自己，你会给它们分别取上哪个虚构的名字？大多数人说"奇奇"应该是这个有棱角的形状，而"布巴"显然是那个圆润一点的。

接下来，请想象一下黑巧克力、切达奶酪（Cheddar cheese）或苏打水的味道。想一个虚构的图形，使之在某种程度上与上述某种食

图 3.1　味道、香气等有形状吗？图中展示了我们实验中常用的简单图形符号，
蜡笔指示天平的中点

物的味道相"匹配"，并将这个图形放置于天平上。这听起来很傻，对吧？但试试再说嘛，好戏在后头。接下来，为牛奶巧克力、成熟的布里干酪或纯净水做同样的事情，选择权在你手里。我的美食物理学研究表明，你可能会把后三者标记在天平的左边，而其他三个则会被标记在天平右边。

　　此类研究的有趣之处就在于，人们的答案非常趋于一致（可这些问题并没有任何正确的答案）。大多数人会把含碳酸的、苦的、咸的和酸的食物和饮料放在画着有棱角图形的天平那端。相比之下，甜蜜柔滑的感觉几乎总是与更圆润的图形搭配。换句话说，我们似乎都表现出一种普遍性倾向：想要将特定的形状（或轮廓）与特定的味道、香气、风味甚至是食物口感相匹配。

　　为什么人们会把形状和味道联系起来呢？一种进化论解释说，因为尖锐的形状、苦涩的味道和碳酸化反应或多或少地都与危险或威胁相关。有棱角的图形可能代表着武器，苦味可能预示着有毒，而酸味和碳酸化反应则是一种避免食用烂熟或变质食物的暗示，至少在过去是这样。相比之下，甜味和圆形都有着更积极的内涵。因此，也许我们只是将赋予我们相同感觉的刺激因素放在一起，即便我们从来没有同时体验过它们。

　　另一种观点认为，我们（更确切地说，是我们的大脑）可能正在研究外部环境中形状和味道特性之间的某种关联。有时，我很好奇奶酪的酸度是否与其质地有关。一般来说，硬一点的奶酪（例如，那些在切割时还能保持棱角的奶酪）比软嫩的奶酪味道更酸吗？黑巧克力比牛奶巧克力更容易碎成棱角分明的形状吗？

下次你逛超市的时候，留心观察下摆放啤酒或瓶装水的货架。大多数啤酒和碳酸饮料的商标都是有棱有角的，而不是圆形的。当然也有例外，但值得注意的是，你经常会在瓶子或罐子的正面看到一颗红色的五角星或三角形——例如，圣培露（San Pellegrino）气泡水的瓶子上有许多红星点缀，喜力（Heineken）啤酒的商标上就有一颗显眼的红星。

看看，食品和饮料行业一直用你难以察觉的方式与你交流呢！那么，抛开营销角度不谈，了解图形的象征意义到底有多重要？我最感兴趣的问题一直是，当食物本身的形状发生改变时，它的味道会发生什么变化。

早在 2013 年，吉百利公司就决定给其标志性产品——牛奶巧克力棒换个新形状，使之少些棱角，变得更圆润点。在这一过程中，巧克力的重量减少了几克。消费者们纷纷写信或打电话来投诉。他们认为吉百利公司已经偷偷改变了配方——他们最喜欢的巧克力现在尝起来比以前更甜、更腻了。但蒙德利兹国际食品公司（Mondelez International，一家收购了吉百利公司的美国公司）的发言人称："我们的立场非常明确且不会有任何动摇，那就是我们绝不会改变广受喜爱的吉百利牛奶巧克力的配方，虽然我们于去年将巧克力块由原先棱角分明的形状变成了有弧度的形状。"

你可以想象一下，如果糖不是那么便宜的话，公司在把巧克力形状变圆的同时能节省多少糖的使用量啊！这样一来，产品本身会变得更健康，它们在消费者脑海中的味道也可能不会改变。显然，让企业有效地重新设计产品是一个挑战，但这是可以做到的。

上述事例中反映的原理也适用于其他食物。无论你端上来的是甜菜根果冻还是巧克力甜点，当它的形状更圆润时，人们往往认为它比那份有棱有角的食物吃起来更甜，虽然两份食物本身完全一样。事实上，北美的一项研究表明，吃东西前在一张纸上对有棱角的（而不是圆形的）图形进行分类，会影响你对一块切达奶酪锐度的判断。

同样地，改变撒在拿铁咖啡上的巧克力碎片的形状，就可以改变饮用者对咖啡味道的期望。我们一直在和澳大利亚的咖啡调配师合作，结果证明，人们认为表面洒着星状巧克力碎片的拿铁，会比洒着圆形巧克力碎片的拿铁喝起来更苦一点。不过，这种期望值的变化是否足以改变真实的味觉感知，取决于咖啡的味道与顾客的预测有多接近。

当咖啡的真实味道接近于预期时，形状很可能会影响人们对味道的评价。然而，当两者相去甚远时，大脑似乎就会完全忽略形状线索。至少，我们目前在实验室里提出的假设就是这样。当然，即便形状确实改变了味觉感知，可人们对食物的喜爱程度是否加深，还是取决于食物本身的味道以及品尝者自身的喜好。虽然大多数人都喜欢甜食，但我们在一家苏格兰酒店进行的研究却表明，一份特别甜的甜点放在一个使其看起来"更甜"的盘子里被端上来时，反而更不受欢迎了。

食物摄影：拍出让你想舔屏的美食照

你要是问人们，改变盘子的颜色是否会影响食物味道，大多数人都会摇摇头。可事实并非如此。在与西班牙艾丽西亚基金会（Alicia Foundation）合作开展的一项研究中，我们把同样的冷冻草莓慕斯分别放在白盘子和黑盘子里供人食用，人们却觉得白盘子里的草莓慕斯比黑盘子里的甜 10%，香 15%，且更受欢迎（图 3.2）。值得注意的是，格陵兰（Greenland）的科学家将盘子的颜色和形状改变后进行了后续实验，竟得到了更加惊人的结果。尽管这似乎很奇怪，但圆盘子真的比方盘子"更甜"！

图 3.2 装着红色冷冻草莓慕斯的白色和黑色盘子。有趣的是，本就是同一种甜品，可人们认为白色盘子里的草莓慕斯比黑色盘子里的尝起来更香甜。上述结果突然让我开始对一个问题产生了兴趣，那就是使用不同颜色的餐盘是否有意义，正如我们在瑞士韦威的丹尼斯·马丁餐厅里看到的那样（还记得那头奶牛吗）

在另一项研究中，从热巧克力到拿铁咖啡，我们已经能通过变换杯子颜色的方式来改变每种饮品的味道。用橙色塑料杯（而不是白色的）装热巧克力能使其尝起来更有巧克力味，且更受欢迎。与此同时，相较于透明玻璃杯，用白瓷杯装拿铁咖啡会使其香味更浓，甜味更淡。

有趣的是，美食物理学的研究还表明，增强餐盘的视觉对比度，可以让老年痴呆症患者的进食量明显增加。例如，在美国一家长期疗养院中开展的一项研究表明，改用高对比度的彩色盘子和玻璃杯，会使患者的进食量增加 25%，饮水量增加 84%！

另一项在医院开展的研究，其结果同样令人惊讶：仅仅改变盘子的颜色，就能让包括痴呆症患者在内的年老体弱的患者将平均进食量增加 30%！这一研究结果令人惊叹，因而这家医院于研究结束后还继续用着蓝色陶瓷餐具，原本作为医院标配的白色盘子就这么被打入冷宫了。

我听到你们中的一些人说，这里有些东西不太合理啊，请稍安勿躁。"蓝盘特餐"怎么样呢？正如大名鼎鼎的邦妮·克伦帕克（Bunny Crumpacker）在她的著作《食色性也》（*The Sex Life of Food*）一书中所说："'蓝盘特餐'一词在大萧条时期变得流行起来，因为餐馆老板发现，如果用蓝色盘子盛食物，顾客们就不会对食物份量的减少表示不满。"

那么，为什么同样是用蓝色盘子盛食物，在 20 世纪 20 年代能起到减少食客食量的作用，到如今却能显著增加患者的饭量呢？一个可能的原因是，医院里供应的食物大都色泽寡淡、食之无味，放在白色盘子里根本无法凸显它们的存在。相比之下，盛在蓝色盘子里的食物就显眼多了。

我在家时，总喜欢把我的招牌泰式青咖喱鸡（颜色呈浅绿色）和白米饭放在黑色盘子里，这是为何呢？当然是为了让视觉对比更强烈呀！我读过的一篇文章中还提到，白色的餐具可以用来盛放牛排，但绝对不可以用来盛粥。不过可爱的斯彭斯夫人（Mrs Spence）并不这么认为。她觉得那些棱角分明的黑色盘子有点太过时了。美食物理学就是这样！

即使找一个不是美食物理学家的人来，他也能凭直觉判断出用红色盘子盛放医院餐食的做法是错误的。当然，医护人员这么做是有正当理由的。这可以帮助专业人士更容易地区分出那些在饮食上需要特殊照料的患者。不过，我觉得这是个坏主意。为什么呢？因为红色容易诱发回避动机。这在实践中意味着，相较于其他颜色的餐具，使用红色餐具吃东西时，人们会少吃很多。而且这种影响不容忽视。

在一项研究中，白盘子和红盘子里都放着椒盐脆饼干，可人们从白盘子里吃饼干时，几乎能吃红盘子里的两倍（在实验室条件下）。

这么看来，似乎没有理由将不会引发回避动机的其他颜色弃之不用，而非要用红色的盘子盛食物。因此，对想减肥的人来说，红色餐具是非常值得推荐的选择，但大多数住院的患者都不需要减肥。

虽然你不会真的去吃盛食物的餐具，但其颜色和大小很可能会改变你的行为，能让你比平时吃的更多（或更少）。更重要的是，无论你在吃什么，你的饮食体验很可能会被餐具影响；选择合适的餐具，可以让食物看起来更美味、香甜、可口。

背景颜色对味觉感知的影响，给食品和饮料行业带来了各种各样的问题，许多公司在吃了苦头以后才意识到这一点，这是多么痛的领悟啊。仅仅改变易拉罐的颜色——比如在七喜（7Up）标志旁边多加点黄色（就像 20 世纪 50 年代所做的那样），或者推出白色的圣诞可乐罐（就像 2011 年发生的那样），就能让消费者觉得他们熟悉的饮料不再是熟悉的味道了。

当然，改变包装颜色本不应该影响产品味道，对于一个人们已经熟知的品牌来说尤为如此。但事实证明，产品味道确实受影响了！这种现象就是"视觉主导认知过程"的例证，事实上，包装颜色可能是消费者在喝饮料前唯一能获得的与产品有关的感官线索。

现在，请看图 3.3 中所示的盘子。你认为用这么一个奇怪的盘子来盛晚餐会对味觉体验产生什么影响呢？人们对打破白色大圆盘（有人称之为"美洲板块"）的专制统治、增强饮食体验的愉悦度越来越感兴趣。鉴于美食物理学研究正在渐渐兴起，这已经不会让我们感到惊讶了。食客也好，厨师也好，稍稍关注下最新的美食物理学研究和餐具本身，都会让你受益匪浅，千万别只盯着盘子里的食物啦！

过去，只有世界顶级餐厅才会为他们菜单上展示的丰富多样的菜品配上专用餐具，但如今，连锁餐厅和勇于尝试的家庭厨师都开始这么做了呢！对我们来说，一道菜看起来好看（或拍照片好看）已经比吃起来好吃更重要了吗？这种"美食色情学"的逐渐流行，有赖于加拿大厨师卡罗琳·弗林（Carolyn Flynn，又名雅克·拉·默德）的卖力演绎。

卡罗琳·弗林的 Instagram 网站上有超过 10 万的粉丝。她从便利店或快餐店购买食品——比如奥利奥（Oreos）和多力多滋（Doritos）等垃圾食品，然后精心把这些食物装盘并拍照上传到 Instagram，结果单从照片来看，这些食物像是来自米其林星级餐厅呢。

图 3.3　这是一件极好的餐具，在巴塞罗那的蒙特酒吧和旅行餐厅中（Montbar and Tickets restaurants）都有使用。用这种盘子盛食物，很可能会改变人们对食物味道的主观想法。以冰淇淋为例，人们觉得这个盘子里的冰淇淋比黑色方石板上的同等产品吃起来更甜

当然，食物好吃又好看才是人们心中的理想状态。难道不是每个人都想如此吗？对美食物理学家来说，这里有几项重要挑战，包括设计可靠的实验测试来评估餐具的变化对人们知觉的影响（以及他们愿意为此支付多少钱）。但是，这又要求美食物理学家能同时为餐具美学提供理论依据。比如，要分析厨师们做了什么以了解人们喜欢什么，还要根据对就餐者想法的揣度，预测或推荐其可能喜欢的餐具类型。

综合考虑以上因素，才有望让那些正在准备超级美味食物的人想

出最具视觉吸引力的摆盘创意。当大厨们将他们的烹饪技艺与最新的美食物理学测试技巧和理论结合起来时，理想变为现实也就容易多了。

运动的蛋黄：流出来的性感

几个世纪以来，人们总会为宴会和庆典活动准备精致好看的食物。（当然，与此同时，艺术家们也捕捉到了它们，并将其倩影留在了静物画中。）但是，在盛宴之外，过去的人们可能并不真正关心食物的外观。它们味道好，甚至只要是能吃，能提供能量让人饿不死，这就够了。

著名的法国大厨——赫布匈美食坊（L'Atelier de Joel Robuchon）的行政主厨塞巴斯蒂安·勒皮诺伊（Sebastian Lepinoy）也认同这种观点。他在描述新派烹饪出现之前的状况时说道："具有法式风情的菜品呈现方式几乎不存在。如果你在餐厅点了一份酒闷仔鸡，会发现它跟你自己在家做的也没什么不同。盘子还是老样子。呈现方式非常单调。"

然而，到了20世纪60年代，当东西方文化在法国烹饪学校的厨房里邂逅时，一切都变得不一样了。正是这种不同烹饪思想的交流与碰撞，催生了新派烹饪，也伴生了"美食色情"（gastroporn）。

"美食色情"一词的出现，可以追溯到1977年：一篇诙谐的评论将保罗·博古斯（Paul Bocuse）的法式烹饪食谱称为"昂贵的（20美元）美食色情练习册"。之后该词一直沿用至今，并被收录进《柯林斯英语词典》（*Collins English Dictionary*），其定义是"以一种非常性感的方式呈现食物"。另一些人更喜欢用"食物色情"（food porn）这个词。但两者说的无疑就是同一个东西。

如今，越来越多的厨师开始关注（甚至痴迷于）他们拍的食物照片看起来如何，这种关注可并不仅限于他们下一本装帧精美的食谱中会出现的那些色彩鲜艳的图片。正如一位餐厅顾问所言："我敢肯定，有些餐厅正在准备的那些菜肴，在 Instagram 上会很好看。"当然，如果厨师们提供的菜肴具有视觉冲击力且摆放得很漂亮，或者干脆使用了砖头、泥铲、平顶帽等最不寻常的餐具，这些菜就能抓住人的眼球，并有望帮助厨师们提升网络曝光率。

越来越多的食客会把他们吃的食物拍照并分享到社交媒体上，有些厨师一直苦于如何应对这一趋势。他们做出的反应五花八门，从限制用餐者拍摄食物照片，到完全禁止他们在餐厅里拍照，各种招数层出不穷。不过后一种方法注定要失败，因为你无法与变化的浪潮相抗衡。最好还是顺应潮流，想想如何让你的食物逐渐适应日益增多的千禧一代的需求，他们迫切地想要体验一切新奇事物，并愿与社交网络分享他们醒着的每一刻。

现在，厨师们大多已接受了这一趋势，承认这是"体验"的一部分。正如伦敦米其林三星餐厅——多尔切斯特饭店（Dorchester Hotel）的主厨艾伦·杜卡斯（Alain Ducasse）所说："美食是一场视觉盛宴，我们的客人希望通过社交媒体分享这些情感瞬间，我对此深表理解。"

当你设法找出一个更具建设性的方案来解决高端烹饪界即将面临的技术驱动危机时，请想想那些已经在服务中提供特殊形状餐具的前沿餐厅。它们这么做的目的，就是让食客照片中的美食有完美的背景相映衬。还有些餐厅，比如以色列特拉维夫市（Tel Aviv）的哈根餐厅（Catit），会在餐桌上为食客提供相机支架，或是将食物放在可360 度旋转的盘子里，以便让他们拍摄完美的照片（图 3.4）。

你可能会觉得使用旋转的盘子有点太夸张了。但话又说回来，当餐厅服务员把一道菜放在我们面前时，我们不也会下意识地把盘子轻轻转上一两次吗？看一看图 3.5 所示的两盘食物，告诉我你更喜欢哪一盘。

图 3.4 食物摄影——这一切都是为了拍出完美的照片。曲面板和智能手机支架让拍出一张好照片变得轻而易举

左边的，对吧？但这两盘食物唯一的不同，就是放置的方向不同！

我们最新的网络研究表明，人们对一盘食物的喜爱程度会随着食物摆放方向的不同而发生巨大变化。例如，在网络实验中，我们发现当食物以一种方向摆放时，相比于另一个方向，人们愿意为完全相同

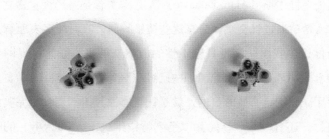

图 3.5 同样一盘菜有两种装盘方式。这是巴西厨师艾伯特·兰德格拉夫（Albert Landgraf）所做的招牌菜，数千人将这特殊的盘子旋转至完美的方向（在一项大规模的市民科学实验中通过互联网展示）。结果表明，大多数人更喜欢左边的盘子。理想情况下，洋葱的尖端应该超过 12 点方向 3.4 度。厨师装盘时，就能或多或少地凭直觉做出正确的判断。在这种情况下，除了确认结果外，根本没有美食物理学家什么事！

的食物支付更高的价格。既然你已经知道了这一点，难道你不想在每次上菜时将餐盘摆放在最佳方向吗？无论你是谁，无论你为谁服务，如果这么简单的一个步骤就能真正提升你所提供食物的知觉价值和愉悦享受，你还不这么做，那就真的是傻了。

此外，越来越多的人开始拍照记录他们所吃的食物，可以说，一顿饭的视觉吸引力本身已经成了目的。当然，如今媒体上也充斥着许多帮你把食物照片变得更具视觉吸引力的小妙招。一家报纸最近就刊登了文章《简单 12 步，乏味食物图秒变 Instagram 风"美食色情图"》。

近年来，研究人员和食品公司已经开始研究哪些技巧和招数能有效提高食物的视觉吸引力，比如展示食物运动（尽管只是隐性运动），尤其是高蛋白食物的运动，以吸引观众的注意力并向其传达新鲜的概念。美食物理学家非常清楚这一点有多重要：一盘精致好看的菜肴会比一盘食材杂乱堆放的菜肴尝起来更好。与此同时，我和我的许多厨师同侪担心，太过于注重增加视觉吸引力，有时会牺牲食物味道。

再想想，如果让蛋白质运动起来（例如徐徐流动的蛋黄），你会看到什么呢？答案是"蛋黄色情"。严肃点！这是美食图片界的新趋势（图 3.6）。最近，我碰巧在伦敦的地铁站遇到这么个例子。当我走进电梯时，发现电梯墙上挂满了视频广告屏幕。目光所到之处，我能看到的只有一个场景：一片热气腾腾的千层面正慢慢地从盘子里拿出来，融化了的热奶酪从上面不断滴下来。

销售人员非常清楚，这种"动态蛋白质"的镜头十分引人注目；我们的眼睛（更确切地说，我们的大脑）几乎无法抗拒它们。食物图像（更具体地说，高能量密度的食品）与其他移动着的东西一样，能捕捉我们的视觉意识。因此，"动态蛋白质"正是那种能让我们的大脑发现、追踪并集中视觉意识的高能量的食物刺激。

图 3.6　你认为这只是一片被浸在蛋黄里的烤面包呢，还是什么有害的东西？

过去 10 年间，英国零售商玛莎百货（Marks & Spencer）凭借其大量投放的广告，在美食色情界赢得了些许声誉，这些广告中都包含着高度风格化和视觉华丽的意象。仔细看看他们的广告，你会发现大量的蛋白质运动（包括隐性的和真实的）。

玛莎百货 2005 年度最著名的广告是为一款巧克力布丁所做，这款布丁有着熔融的夹心，一个性感的画外音为其配上了这句后来常被恶搞的标志性台词："这不仅是巧克力布丁，这是玛莎百货的巧克力布丁。"但你知道这则广告对销量有什么影响吗？销量飙升了约 3 500%！

2014 年的玛莎百货广告向那个早期的黏黏布丁致敬，而特别引人注目的地方在于所有食物都以动态方式呈现。事实上，评论最多的一张图片所展示的是一个苏格兰鸡蛋被切成两半，蛋黄慢慢渗出来的场景。该公司一位高管称，这则广告"以现代、时尚、精确的形式展示了食物性感和令人惊讶的一面——比如它的质地和流动性"。

　　玛莎百货肯定不是唯一采用这种方法的公司。一项针对美国橄榄球超级杯大赛（Super Bowl）期间黄金广告时段插播的食品广告进行的非正式分析显示，2012 年至 2014 年间，三分之二的广告都在展示动态食品。动态美食图像对我们产生的吸引力，也许能帮忙解释一下为何一段巧克力甜品融化的视频会在近期风靡网络，人们对它的兴趣像病毒般爆发，一些记者称之为"催眠药"。

　　以动态方式展示食物的另一个原因是，这会让食物看起来更诱人，因为动态的食物总能让人觉得更新鲜。例如，食物心理学和市场营销学研究员布赖恩·汪辛克（Brian Wansink）与其康奈尔大学（Cornell Universit）的同事进行了一项研究，同样是一杯橙汁的图片，只是一张能看到果汁被倒入玻璃杯的过程，一张仅是一杯已经盛满了的橙汁，但结果证明前者更具吸引力。虽然两者都是静态图像，但其中一个暗含了运动，这已经足以增加产品的吸引力了。（对于那些准备在家效仿此法的人来说，让食物动起来还真是个难题，那就不妨采取另一个策略，留下水果和蔬菜的叶子或根茎，以示新鲜。）

吃播：令人食欲暴增的"限制级影片"

　　亲爱的读者，现在我要告诉你的，是近年来我遇到的与"美食色情"有关的最奇怪的潮流，它叫作"吃播"。越来越多的韩国人喜欢用手机和电脑在网上观看别人吃东西或谈论吃东西的话题。每天都有数以百万计的观众加入这支最早出现于 2011 年的窥视性消费大军。有趣的是，这些"色情"明星，或者他们更愿意被称为"直播节目主持人"（broadcast jockeys），并不是顶级厨师、电视明星或餐馆老板。尽管需要上镜，但他们本质上依旧是普通的"网上食客"（图 3.7）。

我们可以把这看作是食物运动的另一个例子，只不过是在"吃饭直播"中，人与食物间的互动比西方动态食品广告中体现的更为明显而已。想想那些玛莎百货的广告，你只能看到食物在移动，对不？同时，我还发现有些经常独自吃饭的人，会在吃饭时间收看"吃播"以寻找虚拟同伴（参见第 7 章）。

图 3.7 "吃饭直播"，可大致定义为"食物色情片"。2011 年，直播吃东西的风潮开始在韩国兴起，现在已经吸引了数百万观众

看看那些边吃边看"吃播"的人，是否比他们真正独自吃饭（没有任何虚拟用餐者）时吃得更多，也是一件有趣的事情。人们可能还想知道，"吃播"会不会像普通电视节目一样让人分心。已有研究证明，边看电视边吃饭会让人吃的更多。如果是这样的话，观看"吃播"不仅会让观众当下多吃饭，还会为其减少两次进食的时间间隔。

与"吃播"为伴，观众可以想象自己和屏幕上看到的任何人一起吃饭。研究表明，当观看者发现模仿进食行为很容易时，食物图像最具视觉吸引力。比如当你从本人视角看食物时，会比从第三者的角度看它更受欢迎（"吃饭直播"的情况就是如此）。营销员，至少聪明的营销员非常清楚以下事实：如果大脑能更容易地用心智去模拟我们看到的进食行为，我们就会对自己在食品广告中看到的东西给出更高的评价。

举例来说，想象有一包汤，其包装的正面画着一碗汤。比起加上一只从左边靠近汤碗的勺子，画上一只从右边靠近汤碗的勺子，就能让人们的购买意愿提高约 15%。为什么会如此呢？因为我们大多数人都惯用右手，所以我们经常看到自己的右手拿着勺子。

简单展示一个人右手拿着勺子接近汤碗的画面，就能让我们的大脑更容易地联想到我们吃东西时的样子。现在左撇子们该说了："那我们怎么办呢？"放心吧，用不了多久，你手机上的食物广告就会被转换成左手视角了，因为这将有助于最大限度地提高食品广告对你的吸引力（也就是说，你手机所带技术或许可以找出你的惯用手）。

颜值爆表的摆盘，让胃口跟着爆表

这里真有什么值得担心的问题吗？还是说一切都是小题大做？为什么人们不能放纵自己的欲望，去看那些令人愉悦的"美食色情"图片呢？这肯定没造成什么伤害吧？毕竟，食物图片又不含任何卡路里，对吧？事实上，美食物理学家已经证明了很多问题，我想我们应该关注下：

1. "美食色情"会增加饥饿感。我们可以肯定的一点是，看到令人垂涎的食物图片会激发食欲。例如，在一项研究中，仅仅是花 7 分钟时间看一份绘有松饼、华夫饼、汉堡、鸡蛋等图片的餐厅品鉴，就会让人们的饥饿感增加，对那些饿着肚子的参与者和刚吃饱饭的参与者来说都是如此。正如意大利研究人员所言："吃东西不仅仅是因为饿，还因为看到了食物。光是看看那些令人垂涎欲滴的食物就能引起饮食冲动和进食行为。"

2."美食色情"会增加不健康食品的摄入量。你在电视上看奈杰拉·劳森（Nigella Lawson）做蛋糕，那些蛋糕看着真好吃呀，但其热量超过 7 000 卡路里。事实上，许多顶级厨师在电视烹饪节目中所做的菜品，要么是热量高得令人难以置信，要么就是不够健康。（尽管厨师们都在媒体上发表了关于健康饮食的声明！）

有人对大厨们在电视上提供的食谱进行了系统性分析，发现这些菜品的脂质、饱和脂肪酸和钠含量往往比世界卫生组织（World Health Organization）编写的营养指南中的建议摄入量要高得多。对那些继续按照偶像提供的食谱制作食物的观众来说，这本该是个问题。但令人惊讶的是，很少有人真这么做，因此也许这根本又算不得问题了。

最近一项针对 2 000 名"吃货"开展的研究表明，只有不到一半人亲自动手做过他们在美食节目上看到的菜肴。这里更应该担忧的问题反而是，我们在电视上看到的正在烹煮食物以及食物出锅后的份量，可能为我们考虑在家或在餐馆里吃什么、吃多少设定了隐性标准。

3.越关注"美食色情"，你的体重指数（Body Mass Index）就越高。虽然这两者之间只有相关性，没有必然的因果关系，但事实就是如此，越爱看美食节目的人体重指数更高，这可能会让你大吃一惊。当然，这些人通常会看很多电视节目，而不限于美食节目——毕竟"沙发土豆"（指成天躺着或坐在沙发上看电视的人）这个词比"美食色情"这个词存在的时间要长。

然而，从美食物理学的角度来看，关键问题是看更多美食节目的人是否比看等量非美食节目的人体重指数更高。看起来这个问题的答案是肯定的，因为所有证据都表明食物广告会对人们之后的进食行为产生影响，对儿童来说尤为如此。

4."美食色情"消耗意志力。食物图片越来越多地出现在产品包装、烹饪书籍、电视节目或社交媒体网站上（诸如Instagram 的"摆盘艺术"之类），每当我们看到这些，大脑就会不由自主地进行一场具体化的心理模拟。

也就是说，我们的大脑在模拟吃东西的感觉。在某种程度上，这就好似我们的大脑无法区分实物图片和真正的食物。因此，我们需要消耗意志力来抵挡所有的这些虚拟诱惑，尽管这听起来很傻。那么，当我们随后面临真实的食物选择时会发生什么呢？

想象一下这样的场景：你正在美食网（The Food Network）上看一个电视烹饪节目，看着看着火车站到了，空气中弥漫着的咖啡香气牵引着你，让你不受控制地买了一杯咖啡。走到收银台边，你看到了摆在你面前的甜品和水果。你会去买块巧克力，还是选择一根健康的香蕉呢？一项实验室研究表明，比起之前接触较少食物图片实验的参与者，那些之前看过令人心动的食物图片的参与者，往往会做出更糟糕（或者说更冲动）的食物选择。

越来越多令人垂涎欲滴的美食图片围绕在我们周围，导致大脑不自觉地进行着具体化的心理模拟。说直白点，就是我们的大脑一直在想象着品尝那些我们看到的食物会带来什么感觉。即使它们只存在于电视或我们的智能手机上，可我们（或我们的大脑）也不得不努力抵挡吃东西的诱惑。

最近科学家在火车站的三家零食店里开展了一项研究，旨在调查当水果的放置位置比零食离收银台更近时，人们是否会选择更健康的食物（实际情况一般与此相反，零食会离收银台更近些）。从某种意义上说，这种"推动"起了作用，人们确实更可能去购买一份水果或一根燕麦坚果棒。但不幸的是，人们还是会继续购买薯片、饼干和巧克力等零食。换句话说，一项旨在减少人们零食摄入量的干预措施实际上促使他们摄入了更多热量（假设人们买的东西全部被吃掉了）！

好消息是许多像我们这样的实验室一直在研究如何将食物的视觉吸引力转化为一种积极的影响，这样一来，我们在家就能学着做更健康的食物。我们每个人都能通过美化视觉效果的方式，使得我们提供的食物更有吸引力。

例如，在牛津大学进行的一项研究中，我们在食堂里为 160 名就餐者提供了一份沙拉，一部分沙拉没什么特别，而另一部分沙拉里的食材被精心摆放过，这让它们看起来像一幅康定斯基（Kandinsky）的画作。结果表明，即便是完全相同的食材，当一份沙拉看起来更精致、更有视觉吸引力时，就餐者愿意为其支付两倍以上的价格（图 3.8）。

在家里做出一份像康定斯基画作一样好看的沙拉可能会让人望而生畏（因为它用了 30 多种食材）。但是，哪怕是只有牛排、薯条和沙拉（只有 3 种食材）的经典英国家庭餐，只要你多花点心思在食材摆放上，也能让人看着更有食欲。

再教你一个妙招，利用食物的外观来帮助自己少吃点。一种方法是用小一点的盘子盛饭（这样看起来食物就多了）。同时还要避免把食物放在有宽边的盘子里。即使是看看早餐麦片包装袋上面印着那只碗，也会影响我们对自己最佳进食量的判断。在这里，这只碗扮演着服务或消费规范的角色。

等量的麦片被放进有边的碗里，就是比放进没边的碗里看着少。在一些最新研究中，我们已经证明：把一定量的麦片放在没边的碗里

图 3.8　同样的食物，不同的摆放方式，左边精致，右边普通。尽管两者的食材完全相同，可就餐者就是愿意为左边的沙拉支付两倍的价格。你要是已经意识到了仅仅改变一道菜的视觉效果就能带来大不同，还不从美食物理学家那里学习一些技巧，做出视觉效果绝佳的菜肴，那就真是犯傻了。那么做能让你有什么损失呢？

和有边的碗里，真的会让事情有所不同。牛津大学和剑桥大学的研究人员指出，减少吃饭所用盘子或碗的大小，可以减少约 10% 的平均卡路里摄入量（差不多 160 卡路里）。

给减肥人士敲黑板：反复想象吃东西的场景，能让你吃得更少

想象一下，你已经吃了很多玛氏巧克力豆（M&Ms），然后又有人要给你一碗这种五颜六色的糖豆，你认为这种前期想象会影响后期的食量吗？研究表明，如果想完之后才让你吃，你会吃得少得多。因此，脑海中想着在吃东西真能让你吃少点。那些正在节食的人，此处应该记笔记了！仅仅通过反复想象吃东西的行为，你就能吃得少一点。然而，这种适应性心理对食物的作用是特定的。让人们想象吃奶酪，恐怕并不能抑制吃巧克力的欲望。

同样地，让人们记住他们吃的上一餐也会抑制饭后吃零食的行为。

当然，从理论上讲，仅仅看到某种食物一次就能让观看者想象自己在吃这种东西，从而在适应性心理的作用下导致实际进食减少。然而，实际情况却并非如此，因为一个头脑正常的人大概不会花时间连续想象 60 次吃同样东西的场景！（在另一项研究中只有 30 次。）而身处各色可口美食图片的包围中，又没有接受指令反复想象食用所见食物，反而总体上（虽然并不总是这样）会让人食欲大增，吃得更多。

我倒是真的很想知道，观看色情作品是否会减少人们的性行为，但在某些情况下，至少对那些观看大量"美食色情片"的人来说，答案是肯定的，他们利用美食图片来控制自己对食物的欲望。

那些真正想要减肥的人，应该让自己的食物看起来越丑越好。而在追求食物美感的另一个极端，有人建立了 3D 虚拟现实美食博客，如米悠工作室（Myo Studios）的马瑟斯·德保拉·桑托斯（Matheus DePaula-Santos）开办的《知觉定影》（*Perception Fixe*）栏目，其目的是为了让食物看起来更加诱人。

一位记者说："米悠工作室希望通过虚拟现实提供更好的视觉体验，这将显著提高其美食博客的价值。即使某家餐厅 3 个月前已经订满了，用户仍可以通过这种方式坐在他们家的牛排前。"德保拉·桑托斯告诉我说："我的希望之一，就是不仅能给美食拍照，还能为其制作动画。如果你看到自己面前有一块嗞嗞作响的牛排，这就是刺激多重感官的一种方式。"

有人可能会问，关注食物的外观会带来什么不同呢？我想已经有了，尽管它是最近才开始显现的，且规模仍然很小。你可能听说过各大连锁超市现在都在卖盒装的不怎么漂亮的水果。这无疑是一个好主意，既因为它能避免食物浪费，也因为越漂亮的食物反而越不香甜。杰米·奥利弗（Jamie Oliver）等明星大厨也加入了这股潮流。当然，大多数消费者不喜欢碰伤的水果和外形异常的蔬菜，你看，视觉吸引力的重要性再一次得到了证明。

就我自己而言，身为果蔬商的儿子，我非常清楚最美味的香蕉蛋糕常常是用最丑、最黑的水果做的。我们家有个家庭笑话，我们这些孩子一直以为香蕉就是黑色的，我们不知道香蕉还有其他颜色，因为父亲总是把没人买的水果蔬菜带回家。有趣的是，变黑了的水果往往是最美味的。

泛滥的"食物色情图"，只是看上去很美

我们的大脑经过进化，已经能在食物匮乏的环境中寻找营养源。但不幸的是，如今围绕着我们的高脂、高热量的食物图片，比以往任何时候都多。虽然人们确实越来越渴望看到美食图片，拍摄美食图片，我们也比以往任何时候都明白这些图片吸引我们的地方在哪里，可我认为，我们还是应该关心一下这个问题：我们暴露在铺天盖地的美食图片中，生活会受到什么影响。

就我个人而言，我越来越担心，驰骋在高热量、不健康食品图片构筑的"数字牧场"中，可能会让我们在无意识的状态下吃得更多。长此以往，这会让我们养成不健康的饮食习惯。

把美食图片称为"美食色情"或"食物色情"，毫无疑问是带有贬义的。然而，"美食色情"和实际色情作品的相似之处，比我们想象中的更多。鉴于人们对色情作品常感忧虑，或许我们也该认真考虑下，是否得把那些充斥着高热量和不健康食品图片的食品杂志移到报刊亭的顶层货架上？或者我们得在"分水岭"（指儿童不宜节目可在电视上播出的起始时间）之前禁止烹饪节目在电视上播出？

当然，这些只是玩笑话，但暴露了非常严重的问题。更重要的是，移动通信技术的爆炸式发展，意味着我们会比以前接触到更多的美食图片。图片上的食物都经过了精心设计，它们看着很好，很上相，但味道好不好，营养是否均衡，就不是设计者首要考虑的因素了。

让我引用马克斯·埃利希（Max Ehrlich）1972 年的著作——《法令》（*The Edict*，其故事背景设定在未来）一书中的一段描写结尾吧：严格控制热量摄入的大众去维斯特拉玛大剧院（Vistarama Theater）看一部名为《美食家》（*Foodie*）的电影。

对观众来说，他们看到的内容让人痛并快乐着。人们嘴巴半张着，哈喇子沿着嘴角流淌着，舔着嘴唇，贪婪地盯着屏幕；他们目光呆滞，仿佛经历了某种令人醉生梦死的性体验。电影里的那个人已经切好了他的牛排，现在他用叉子叉起厚厚的牛肉片，把它送到嘴边。当他张开嘴吞进去这块牛肉的时候，满场观众的嘴巴都随着屏幕上人物的动作开合……

这部电影设计的初衷就是为了挑逗看客，它确实做到了。观众们看到的不仅是贪欲，还有色情。电影里有许多嘴部特写镜头：牙齿正在研磨食物，同时果汁正顺着下巴往下流。

我并不想以悲观的态度结束这一章。在未来的日子里，美食物理学家一定会继续研究我们所看到的食物会对食品认知和饮食行为产生何种重大的影响。视觉对我们产生的影响力短期内不太可能下降，特别是考虑到我们大多数人都花了大量时间来深情凝视我们的手机和电脑屏幕。因此，我希望人们能更好地了解视觉对食物感知和饮食行为的重要性，以期在未来的日子里优化自己的饮食体验。

GASTROPHYSICS

第4章

听 觉

「声音调味料」，非一般的饮食满足感

先让我们问问自己，哪种感觉对饮食体验来说最为重要。大多数人会先想到味道，当然，香气的排名也会很高。还有的人会提及食物的外观，甚至是口感。但感官科学家也好，厨师或者普通消费者也好，都没人会提到声音。然而，在这一章中你将看到，我们吃东西时听到的声音——甚至是餐前准备过程中产生的杂音，产品包装袋发出的咔嗒声或嘈杂的背景音乐声，都发挥着超乎想象的重要作用。换句话说，声音是被遗忘的味觉。

雀巢咖啡的味道如何被咖啡机的尖锐声音改变？

如果你正在一家高档餐厅里坐着，突然听到微波炉"叮"地响了一声，你会有什么感觉？这会让人非常不安！在我看来，制作食物和饮料的声音之所以重要，是因为这能帮助我们设定期望。难怪有那么多人刻意屏蔽微波炉那独特的声音呢，因为它会给听到声音的人传递负面印象（在餐馆里尤为如此）。随便上网看看，你会惊讶地发现，原来有那么多博客和讨论小组都在抱怨这种声音，并要求将其消除。

近年来，通用电气（GE）等大型电子产品制造商也一直致力于重新设计这种声音。（不过，也许人们的态度正在发生变化，至少在家庭环境中是这样；最近的一项调查结果表明，三分之一的受访者表示不介意在晚宴上提供微波食物。）

当然，烹调食物的声音也能吸引我们的注意力。想想吃饭前那诱人的食物烹煮声，也能让你垂涎欲滴吧。事实上，早在 20 世纪 20 年代，俄罗斯科学家伊万·巴甫洛夫（Ivan Pavlov）就开展过一项心理学领域的经典观察，结果发现，狗听到喂食的铃声响起，就会开始流口水。狗很快就把铃声和送食物联系起来了。

就拿咖啡机发出的研磨声、汩汩声、飞溅声和咝咝声来说吧，这些声音具有提示功能，能为接下来的品尝体验提供丰富的线索。就算是打奶泡时热气泡发出的尖啸声，它们也能提供信息，至少对那些懂行的人来说是如此。咖啡师能通过音调的变化判断壶里的牛奶是否达到了合适的温度。如果你认为这是一项令人赞叹的技能，那现在还有更厉害的。有个人说，把啤酒倒进玻璃杯时，他能根据气泡的声音分辨出上百种不同品牌，你对此又怎么看呢？

克莱门斯·科诺菲勒（Klemens Knoferle）原来是我牛津大学实验室里的博士后，他开展了一项研究，结果发现仅仅过滤掉胶囊咖啡机制作咖啡时发出的声音，就能系统性地影响人们对一杯雀巢咖啡（Nespresso coffee）的评价。当他调高那尖锐刺耳的声音时，人们纷纷反映这咖啡的味道不太好。当他关掉这种声音时，人们对咖啡味道的评分突然上升了。因此，难怪许多机器制造商如今都在尝试给他们的产品配上恰当的声音。

换句话说，他们正在向汽车公司看齐。几十年来，汽车公司一直致力于完善车辆的各种设计，从车门关闭的声音，到司机在车里听到的引擎轰鸣声。你还记得大众汽车公司（iconic Volkswagen）那标志性的广告语吗？——"让你仿佛置身于高尔夫球场"。

一些富有创新精神的厨师已经开始运用餐前准备中发出的声音了。如果你有幸于 2015 年在圣塞巴斯蒂安的穆加拉茨餐厅订到位子，就能体验以下场景了：用餐期间，侍应生从厨房里拿出研钵和杵，鼓励食客们自己研磨香料，等他们磨好后，再把热汤倒进研钵里。想象一下，满屋子的食客坐在一家享有盛誉的米其林二星级餐厅里，所有人都在同步研磨香料，发出的共鸣声填满了整个房间。至少在那一刻，分别坐在各自桌子旁的客人被这准备食物的有趣声音联系到一起了。

瑞典作曲家佩尔·萨缪尔森（Per Samuelsson）将这种制作食物的声音写入乐曲，成就了一番事业。他经常会记录下厨房里削皮、剁肉、切片、切丁、研磨、翻炒和搅拌的声音。然后，这位年轻人把这些厨房里的声音做成了一段音乐，在食客们对着厨师的劳动成果大快朵颐时，把这段音乐放给他们听。

这些音乐作品不仅能让我们知道自己所吃的每道菜背后都饱含着厨师们不为人知的辛劳，还为我们提供了一种可以增强用餐体验的多重感官环境。与此同时，2016 年度被评为世界顶级厨师的马西莫·博图拉（Massimo Bottura），最近在无回声室里记录了他做千层面的声音，千层面是他童年时的最喜欢的慰藉。

气泡在嘴里炸裂的"感觉"，怎样使人迷上碳酸饮料？

早在 2008 年，马克斯·赞皮尼（Max Zampini）和我就因在"声波薯片"领域取得的开创性研究成果，而荣膺搞笑诺贝尔营养学奖（图 4.1）。我知道你在想什么：这很荒谬。每年都会有 10 个这样的奖项颁发给一群经过精心挑选的国际科学家，乍看之下，他们从事的研究很疯狂，很荒谬，甚至两者兼而有之。但重点是，这项一上来就让你发笑的工作，实际上是严肃的。获得这个奖项能大大提高研究人员的知名度。

图 4.1　我以前的学生马克斯·赞皮尼（现在已经是受人尊敬的赞皮尼教授了）演示"声波薯片"实验，这张照片还上了《不可思议研究年报》（*The Annals of Improbable Research*）的封面

信不信由你，虽然距我获奖已经过去 10 年了，但我每个月仍然要回复客户的咨询，尽管每当媒体再次报道这一事件时，我的家人都会抱怨说"天啊，不要再提薯片的事了"。来自世界各地的电影摄制

组会定期拜访我的实验室，想再现那个神奇的时刻：仅仅通过改变薯片的嘎吱声，就能改变人们对薯片脆度和新鲜度的感知（如果你是在北美地区看到这篇报道的，他们可能把薯片换成了炸土豆片）。说真的，从那以后，我的生活就不一样了。

我们是在一本籍籍无名的杂志上首次发表自己的研究成果的。即使以学术标准来衡量，这也是一个相当不为人知的渠道。我们自己当然认为这项成果很重要，这再正常不过了。资助这项研究的联合利华公司也对我们的发现很感兴趣，可其他人就对此完全无感了。

你是否好奇联合利华公司为什么会资助一个使用竞争对手产品的项目呢？毕竟当时品客（Pringles）是宝洁公司（P&G）的子品牌，答案其实很简单，品客薯片是美食物理学研究的理想选择。为什么呢？因为它们的大小和形状完全一样，所以你就能确定，人们反应的任何变化是由你操纵声波引起的，而不是由薯片本身的个体差异所导致。

此外，品客薯片还有另一个实用性优势：它们个头大，人们通常不会一口就把它吞下去。（你不会一口吃下去的，对吗？）因此，在整个多感官品尝体验过程中，空气传导声音对骨传导声音的相对贡献得到了增强。

我们发现，相比于消除人们吃薯片时听到的嘎吱声，仅通过提高这种声音的频率，就能让薯片吃起来更脆更新鲜。如果要量化这种感觉，那就是脆度和新鲜度会提高 15% 左右。当然，你完全有理由认为厨师吃东西不易受到这种浅层声音变化的影响。事实并非如此，至少对伦敦利斯烹饪学校（Leith cookery school）的厨师学徒来说不是如此。几年前，我们在英国广播公司的一个电视节目中对他们进行了测试，他们忙着把注意力放在薯片的质地上，以至于他们像最初参与实验的牛津大学本科生一样，很容易上当。

你可以用苹果、芹菜、胡萝卜等来进行相同的声波实验，也可以用干的薯片和饼干或湿漉漉的水果和蔬菜来达到同样的目的，实际上只要是能发出声音的食物就行。最近在意大利北部进行的一项研究表明，改变人们的咀嚼声，可以系统性改变人们对三种苹果的硬度和脆度的评级。这种交叉模态错觉很重要，原因在于它为听觉影响味觉的假设提供了最有力的证据。

事实证明，这种特殊的交叉模态效应在你明知道会发生什么的情况下依然奏效。不管你吃进去多少声波增强薯片，交叉模态效应依旧我行我素。在这个问题上我当然有发言权。为了科学研究，我吃的薯片可比你们多多了。正如我在认知神经学领域的同事所说，声波薯片错觉是一种自发性的多感官效应。

也许我们的"开创性"研究带来的更重要结果是，这种受神经科学启发的测试方案现今已被许多全球大型食品公司采用。这种虚拟原型法就是在牛津大学发明的，我们在这里评估消费者对声波增强的现实产品（而非原版真实产品）的反应，以便让食品公司搞明白这么一个问题：如果他们的产品加上了嘎吱声或噼啪声，人们会做出什么样的反应。

重要的是，食品和饮料公司无需到开发产品的厨房里做出一大堆听起来确实不同的新品，就能实现这一目的。传统方法往往会使产品研发过程变得漫长又费力，而来自测试小组的反馈还经常浇人一桶冷水，他们不喜欢研究人员努力创造出的任何新品。听到这样的消息，研究人员不得不耷拉着肩膀，垂头丧气地回到厨房，准备另一套全新的样品了。这就是产品创新。可这个过程真的痛苦而漫长！

相比之下，让测试小组先评估虚拟的产品音效，可以让研发商有机会评定各种备选方案，并找出其中的不同。因而这个过程就颠倒过来了：你先试着弄清楚人们喜欢他们的食物发出什么声音，然后再走进厨房去确定厨师和料理家是否真的能做出具有相应声音特性的食物。

有时，厨师们会无奈地摇头笑笑，回答说人们想要他们做到的事情真的非人力所能及。可更多时候，他们知道自己要做什么。他们怎么说并不重要，至少每个人都清楚他们接下来的努力方向——考虑声音的影响。因此，产品创新的节奏大大加快了。

食物有多种特性——酥脆、松脆、冰爽、细滑，当然还有吱吱作响（比如哈罗米奶酪），在一定程度上，我们喜欢哪种食物特性取决于我们听到了什么。大多数人都主观地认为我们能"感觉"到薯片的嘎吱声。可事实并非如此。毕竟，内省法常常使我们误入歧途。

基于美食物理学的研究成果，我可以向你保证，没有什么地方比味觉世界更真实。（以喝碳酸饮料为例，如果你问一声，大部分人会信誓旦旦地说，他们享受气泡在嘴里炸裂的"感觉"。然而，事实证明，这种感觉主要是靠舌头上的酸味感受器传导的，也就是说，这是味觉而不是触觉。）

由于我们的牙齿上没有触觉感受器，所以我们咬碎或咀嚼食物时所获得的感觉，主要是由位于下颚和口腔其他部位的感受器所传导的。但这些感受器会随着嘴巴的咬合动作移动，因而无法提供任何关于食物口感的准确信息。相比之下，食物在唇齿间破碎时传递给我们的声音，通常能更准确地提示我们在吃什么。所以我们开始依赖这些丰富的听觉线索来评估食物口感，这是非常有道理的。

一些声音通过下颚骨传到内耳，另一些则通过空气传播。我们的大脑会将所有声音线索与我们的感觉整合在一起，在"声波薯片"的例子中，这一切都是即时自动发生的。因此，如果你改变食物发出的声音，随之而来的口感变化就会被感知到，就像是这种变化来自于嘴巴本身，而不是源自于耳朵里传来的有趣声音。

这意味着，我们大多数人都不知道这种嘎吱声对我们的进食体验来说有多重要！不只是嘎吱声如此，酥脆、松脆、冰爽、细滑等其他口感体验亦如此，尽管对每种特定的食物特性而言，声音线索对感知食物质地和口感的相对重要性会有所不同。

我怀疑，比起细滑、冰爽的食物，在感知香酥、松脆食物的情形下，我们听到的声音线索更具相关性，也更有影响力。无论如何，研究结论表明，声音线索在传递所有这些令人满意的口腔感觉方面起着一定的作用。

为什么面包脆皮吃起来那么香，而湿软的食物没有吸引力？

继续深耕这一领域所面临的问题，源于这样一个事实：尽管所有相关研究都已开展多年，但迄今为止，许多食品科学家仍不知如何明确区分"酥脆"和"松脆"的概念，他们毕生都在研究的消费者就更分不清了。

当然，对食物脆度和硬度的判断是高度相关的，这说明对我们大多数人来说，它们确实是非常相似的概念。但是当涉及英语以外的其他语言时，事情就变得更复杂了。假如两者真有差别，有的人还会用不同的词语表达，而有的人根本不会对这种质地上的差别做任何描述。例如，法国人描述生菜的口感时，会用到"craquante（松脆的）"或者"croquante（酥脆的）"这些词，而不用"croustillant"，尽管后者是"crispy"一词的直接翻译。而意大利人只用"croccante"一个词来形容这两种感觉。

再说到西班牙语，事情就变得更混乱了。西班牙语里压根儿就没有"酥脆"和"松脆"这两个词，即使有，讲西班牙语的人也肯定不用。例如，哥伦比亚人就用"新鲜"（frescura）而不是"酥脆"来形容生菜的新鲜度，我想对于南美洲其他国家讲西班牙语的人来说，情况也差不多如此。讲西班牙语的哥伦比亚人想要描述一种干性食物的口感时，要么借用英语单词"crispy"，要么使用单词"crocante"（相当于法语单词"croquante"，意为脆脆的）。

西班牙本土的人们显然也有这种困惑，因为调查显示，38% 的西班牙消费者甚至不知道表达"松脆"这个意思的词是"crocante"。此外，在另一项研究中，17% 的消费者认为"酥脆"和"松脆"是一回事。想想食物的声音对我们的饮食体验和享受多重要啊，这种情况真有点奇怪。

鉴于我们在对多种食物口感进行定义和区分彼此间差异上尚未达成一致，有关食物声音的研究并没有如人们期望般迅速发展，也就不足为奇了。这其实很不幸，正如顶级大厨马里奥·巴塔利（Mario Batali）所说："单单'crispy'一个词能形容的食物种类，就比一大堆描述配料或烹饪技法的词能形容的还多了。"

"为什么受潮的薯片会让人倒胃口？"这是几年前顶级科学期刊《科学》上一篇评论文章的题目。薯片就算不新鲜了，其营养成分也不会改变，但不管出于什么原因，我们似乎都不喜欢这种蔫不拉几的薯片。然而，我猜测人们并不是生来就喜欢能发出声音的食物。在这一点上，我不同意马里奥·巴塔利的观点，他认为"松脆的食物有一种天生的吸引力"。不，它们没有。

事实上，大多数我们认为是与生俱来的东西，都是靠后天习得的。换句话说，我们会喜欢特定的食物感官线索，很大程度上是因为它们向大脑发出了我们正在吃什么以及何种愉悦感会随之而来的信号。酥脆也好，松脆也好，它们都象征着清新，新鲜，也许还有应季呢。

也许我们应该关注的根本问题是，为什么人们普遍喜欢酥脆、松脆且咬起来噼里啪啦响的食物？这些声音到底能不能直接反映食物的营养特性呢？让我们以嘎吱声为例，这种声音无疑为人们判断水果和蔬菜的新鲜度提供了相当好的（或者说可靠的）暗示。这些信息对我们的祖先来说很重要，因为新鲜的食物更有营养，吃起来更好。

烹饪会引发美拉德反应（Maillard reaction），这是一种广泛存在的非酶褐变，是氨基化合物和碳水化合物在高温下发生反应所致。约翰·艾伦（John S. Allen）在他的《杂食思维》（*The Omnivorous Mind*）一书中指出，烧火做饭能让食物变得又脆又有营养（或者更准确地说，更容易消化），想想刚出炉的面包那脆脆的外皮多么美味吧。

因此，从进化论的角度看，脆生生的声音为何如此重要，其原因也许就在于此了。为什么湿软的食物如此没有吸引力？问题的答案可能与一项最新研究有关。这项研究表明，食物的嘎吱声越来越大时，人们觉得其味道也越来越香了。难怪人们都想要更多的嘎吱声。事实上，全球消费者都需要它！

我们对脂肪的浓厚兴趣可能也与此有关。毕竟，脂肪是一种高营养物质，我们的口腔中分布着对脂肪酸敏感的味觉感受器，或许就是因为这个。然而，对我们的大脑来说，直接检测出食物和饮料中所含的脂肪仍然是一个挑战。为什么会这样？因为糖和盐等调味剂常常会掩盖脂质的存在。

虽然奶油、食用油、黄油和奶酪都有着令人愉悦和向往的独特口感，但我怀疑，就干性零食而言，我们的大脑根据先前的经验，可能已经判断出这种声音线索暗示着脂质的存在。也就是说，我们所吃的食物嘎吱声、噼啪声越大，其脂肪含量就可能更高。我们都喜欢那些"吵闹"的食物，因为比起另外一些"安静"的食物，它们可能含有更多有益物质。现在你知道自己为什么难以抗拒嘎吱嘎吱的声音了吧！

咬起来嘎嘣脆的昆虫会让人上头吗？

不用你吱声我就知道答案是什么。但是，基于我们现在对声音的了解，你会发现这个想法其实有其可取之处。毕竟，许多虫子吃起来很脆，至少那些有硬壳或外骨骼的虫子是这样（图4.2）。更重要的是，它们能提供优质的蛋白质和脂肪。如果我们多吃点这些小动物（少吃瘦肉），还有利于保护地球呢！然而，就算你我舌灿莲花，也无法说动大多数西方消费者。

图4.2　一种香脆的高蛋白小吃。尝尝油炸蟋蟀绝对是正确的选择，它的美味无法阻挡，让人根本停不下来

我敢肯定，向西方人出售昆虫并使其发现昆虫的美味，将是未来几年里美食物理学要面临的终极挑战之一。我们究竟该如何利用自己

所学的一切关于消费者心理的知识，使目前最不受欢迎的食物变得美味可口呢？或者，最起码也要提高昆虫类食物在我们日常饮食中的占比。播放嘎吱嘎吱的声音，也许能为“食虫性”（一个描述食用昆虫的新奇术语）的普及提供一条路径。

美食物理学知识在这里有什么用呢？用处之一就是偷偷地让人们多吃点昆虫。（如果你是一名花生酱爱好者，估计会很想跳过这一段！）我敢打赌，在生产商不得不在商品标签上注明食物营养成分之前，你根本不知道每罐花生酱里能有一百多只虫子。果酱想必也是如此（因为防止微生物孳生太难了），谁又知道咖啡粉里还有什么呢。所以，为什么不慢慢增加这个数字，同时减少其他紧缺成分或不健康成分的添加量呢？

我敢打赌，在未来，含有昆虫成分的食物将成为我们日常饮食的重要部分，而消费者目前还没有注意到这一点。对麦片生产商来说，这就像一个秘密的健康策略；当他们设法减少早餐麦片的含盐量时，这一策略非常有效。他们逐步地将麦片的含盐量降低了 25%，而每次的变化十分微小，消费者无从察觉，结果是，经过一段时间的努力，麦片中不健康成分的含量已经大幅下降。

或者，我们可以把十分令人恶心的和不怎么让人恶心的小动物做个区分。你仔细想想，从蜂蜜（有时被误称为“蜜蜂呕吐物”）到蜂王浆和蜂胶，我们已经吃了很多与蜜蜂有关的产品。因此，尝尝蜂蛹（蜜蜂的幼虫）冰淇淋应该也不会有太大的障碍，对吧？我们似乎也不觉得瓢虫有多么恶心——如果有一只瓢虫落在我的啤酒里，我会很高兴地把它弹出来，然后继续喝下去。

不过，从长远来看，最有效的感官策略估计还是得建立在嘎吱声的基础上，毕竟我们知道大多数消费者确实喜欢这种声音。美食物理学家们现在必须要弄清楚的问题是，哪种昆虫以及哪种制作方法，能让虫子们发出最响亮的嘎吱声。然后我们所有人都将走向一个更酥、更脆、更可持续的未来。

薯片包装袋的巨大音量绝非偶然

与食物制作声和我们吃东西时发出的声音一样，产品包装袋发出的声音也能明显影响我们的品尝体验。你以为薯片包装袋的声音那么大是偶然的吗？当然不是！从一开始，营销人员就凭直觉知道，让包装袋发出的声音与内容物的感官属性相一致是有意义的。

20 世纪 20 年代时，为把新鲜、适量的薯片直接送到消费者手中，生产商首次对薯片进行了包装，这种做法一直沿袭到今日。尽管品客薯片包装袋发出的声音，通常比大多数其他零食发出的声响要小，但公司也使用了一些能增强铝箔封口处声音的方法。你不一定非要相信我的话，等下次手边刚好有个薯片筒时，试着用你的手指从上到下摸摸它，听听其中的差别。

但是包装袋发出的声音能使我们对内容物的判断受到多大影响呢？几年前，我们解决了这一问题。我们和牛津大学的本科生阿曼达·王（Amanda Wong）一起进行了一项研究，结果表明，人们吃薯片时听到包装袋发出的咔哒声越大，他们就越觉得这薯片脆。虽然这些变化并不如我们在改变嘎吱声本身时所看到的那么大，但它们依然很重要。换句话说，就知觉而言，我们的大脑似乎很难区分出产品和包装的不同。

菲多利公司（Frito-Lay）在为乐事薯片（SunChips）推出全新的可降解包装袋时，可能太把上述研究当回事了。我来告诉您，这可能是史上响声最大的包装袋（图 4.3）！我的同事芭波·斯塔基（Barb Stuckey）从加利福尼亚州给我寄来了几包这种乐事薯片，我们拿出了声量仪，测了测在实验室里轻轻摇晃这些薯片时，它们会发出多大的声响。答案是超过 100 分贝！为了更好地理解这个数字，我们来打个比方吧——最嘈杂的餐馆里的背景噪声才能达到这种水平。此外，如果一个人长期暴露在这种等级的噪声中，会造成永久性的听力损伤！

图 4.3　现实版音波大战？这可能是地表最吵包装袋，用手轻轻摇一摇，就能产生超过 100 分贝的咔嗒声。谁会认为这是个好主意呢？

这款包装袋真的太吵了，以至于许多消费者都写信投诉。因为噪声太大，公司被迫为消费者提供耳塞，试图平息他们日益高涨的不满情绪。我猜，公司的想法是，你可以买一包乐事薯片，把它带回家，然后戴上耳塞，安静地享用你的零食。可坐在你附近的人就倒霉了，如果他们患有恐音症（难以忍受别人发出的咀嚼声），那情况可就更糟了。当然，这种降低损害的努力最终惨淡收场，该公司彻底从货架上撤下了他们的声波增强包装。我怀疑再也没有人看到过这种包装，更别说听到过它发出的声音了。

不过，你还是可以发现，销售主管在为他们巧妙的创意而高兴地摩拳擦掌。我们在交叉模态实验室进行的研究表明，有声包装有助于让人听到脆脆的嘎吱声，因此，把能发出声响的产品放在声响更大的包装里销售，必然会让你的产品看起来更脆。当然，这得假设人们直接从包装袋里吃东西，而没有把吃的倒进碗里或盘子里。不过这是个合理的假设，因为有说法称，约三分之一的食品是被人们直接从包装里抓起来吃掉的；在吃薯片的情况下，这一比例可能还要高得多。

有声包装还有一个优势，就是能非常有效地吸引消费者的注意力。一旦有人从超市的货架上拿了一包薯片，你就会发现过道里的其他人都在环顾四周，看看究竟发生了什么。虽然我怀疑今后还会出现声音很大的食品包装，但可以肯定的是，别家公司正在考虑或已经开始对食品包装袋发出的声音进行细微地调整。乐事薯片事件的真正寓意是，告诉我们"凡事均需节制"。因为声音大点是好事，但这并不意味着声音越大越好！

打开饮料瓶盖的噼啪声，为什么会让吃货欲罢不能？

产品的声音能帮我们设定对产品类别甚至是特定品牌的期望。几年前，家乐氏（Kellogg's）公司甚至试图为其产品发出的嘎吱声申请专利。该公司生产的早餐麦片在加入牛奶时会发出独特的声音，他们想通过注册商标的方式对这种声音专利进行保护。

他们聘请了一家丹麦音乐实验室，专为自己的产品量身打造非常独特的嘎吱声，且要求一定要与传统的广告音乐有明显差别。这种特定的声音和感觉自带身份识别属性，如果一个人在吃自助早餐时正好要从玻璃碗里拿些玉米片，那么他从声音就能分辨出这些掩盖了品牌名的玉米片自来家乐氏公司。

包装的声音也能帮我们设定期望。胡椒博士集团公司（Dr Pepper Snapple Group, Inc.）旗下的软饮料公司斯纳普（Snapple）公司称，消费者拧开饮料瓶盖那一刹那听到的独特（或标志性）声音，能够预示这瓶饮料的新鲜度。该公司将这种声音称为"斯纳普砰砰声"，说是这能为消费者构建心理预期并给予其安全感，因为消费者可以通过这种声音判断出这瓶饮料从来没被打开过，也没被胡乱玩弄过。

斯纳普公司对这种砰砰声提供的安全信息非常有信心，以至于在 2009 年，他们淘汰了用于密封瓶盖的塑料膜。这节约了包装成本，并减少了约 1.8 亿英尺的塑料垃圾。该公司的高级营销副总裁安德鲁·斯普林盖特（Andrew Springate）指出："我们之所以能安心做出这样的决定，是因为我们知道标志性的砰砰声还在。"

想想食品和饮料公司在发展和保护他们的视觉形象上花了多少钱呀，可令人惊讶的是，似乎很少有公司愿意多花点儿心思琢磨下他们的声音形象。有趣的是，就我所知，斯纳普公司并没有保护所谓的"斯纳普砰砰声"。这可能是因为对特定产品的声音进行商标保护的难度很大。（哈雷－戴维森公司曾经试图保护摩托车排气时发出的低沉的"嘭嘭"声，可他们在这条路上吃尽了苦头。）

许多广告商和营销人员已经注意到了声音的潜力。荧幕上播放的广告中常伴有人们打开、倾倒或喝下饮料的声音，他们经常试图引起人们对此的注意。例如，智威汤逊广告公司（The JWT ad agency）曾在巴西开展过一项宣传活动，重点突出可口可乐倒入装满冰块的玻璃杯时发出的声音。再想想你在梦龙（Magnum）冰激凌广告中听到的响亮的爆裂声，或者用手指抚过老式奇巧巧克力（Kit-Kat）的铝箔封口时产生的标志性声音。你还能想到其他有辨识度的食物包装声吗？

好吧，我听见你说，你能理解大公司和大厨为什么对声音或传导声音的食物质地感兴趣，可这对我们普通人有什么影响呢？美食物理学领域的最新发现强调了一点：你在家也能利用声音这一要素，想出一些烹饪金点子。例如，下次举办晚宴时，你一定要问问自己，你做的菜的声音趣味在哪里。

如果它不够松脆或细滑，你又如何能尽可能有效地刺激客人的感官呢？解决方法很简单：在沙拉上撒一些烤过的坚果，或者临出锅前，在汤里加一些酥脆的油炸面包丁。这大概就是汉堡中总是夹有小黄瓜和巴达维亚（Batavia）生菜（也被称为法国脆生菜）的原因——它们增添了一种声音元素，能让你更享受吃汉堡的体验。

如果你有点冒险精神，可以试着在巧克力慕斯，甚至是牧羊人派（肉馅土豆饼，一道传统英国菜肴）上撒点跳跳糖。这都是顶级厨师这些年来在他们的菜肴中使用过的方法。如果你想让这种声音带来惊喜，更加令人难忘，那就把跳跳糖"藏"得深一点。等客人们吃上几口没有声音的巧克力慕斯后，突然又感觉到嘴里传来爆炸声，这绝对会让他们大吃一惊。我可以向你保证，他们不会转头就忘记这次体验！这是件好事，我们将在第 6 章中详述。

你有没有想过，为什么薄脆面包片和肉酱配在一起这么好吃？给一种美味但无声的食物（指肉酱）配上一阵响声（指咬脆面包时发出的声音），这难道不是一个经典的例子吗？当然，这里还有食物口感的对比（这也很重要）。但从根本上说，这难道不是为了给菜肴注入一些声音元素吗？

事实上，当声音元素被加入时，我们在吃饭过程中的味觉感知往往会增强。正如我们前面所看到的，那项最有趣的研究（"声波薯片"实验）表明，随着食物松脆度的增加，它的味道会更好。约翰·艾伦还在《杂食思维》一书中指出，有声食物可能比无声食物更不容易吃上瘾。他认为，这可能也是它们普遍受人喜爱的一个原因。到这里你应该明白了吧，无论你怎么捌饬，一定要在吃饭时加入一些声音刺激。不过最好先检查一下，确保桌子上没有放着麦克风……

如果声音对松脆感的影响如我们预想的那样重要，那么你下次举办派对时发现橱柜里只有不新鲜的薯片，或许就有解决办法了。研究表明，只要你把背景音乐开得足够大声，为消失掉的嘎吱声打个掩护，你的客人就不会发现异常。因为一旦你引入了很大的背景声，客人们就会自行脑补他们听不清的嘎吱声。不过要注意的是，这些背景声也可能会让客人们觉得你提供的宾治酒不那么醉人。如果他们中有人无礼地问你音乐为什么这么响，只需告诉他们，现在顶级大厨都这么做（下面会详细介绍）。

两种餐厅吸客法：背景音配饭和无声饭局

距离上一次你出去吃饭，却发现环境太吵以至很难听清同伴们的谈话过去了多久？我猜那可能是不久前的事。近年来，餐馆（更不用说酒吧了）过于嘈杂的问题已经变得越来越普遍了。公共空间实在太吵了，我们甚至都听不到自己的所思所想，更不可能给别人讲清楚了。

目前，噪声仅次于糟糕的服务，是餐厅常客第二个最常抱怨的问题。事实上，在过去的一二十年里，许多餐馆变得非常嘈杂，以至于一些评论家同时对餐馆的噪声水平以及食物质量做出了评判。

餐厅的背景声越来越刺耳，某种程度上要归咎于纽约的厨师，他们以一边大声放音乐一边准备菜肴而闻名。没人知道这是什么时候开始的，但在某个时刻，他们中的某一位厨师"聪明"地想到，也许食客也会喜欢这种音乐。真要命！一位记者敏锐地指出："无论一家餐厅提供的食物多么雅致，在准备菜肴过程中播放的音乐可能都不会那么高雅。没人会在洗菜或切鸭子的时候听维瓦尔第（Vivaldi）。"

以前常驻实验室的厨师查尔斯·米歇尔（Charles Michel）告诉我说，他在摩纳哥巴黎酒店（Monaco's Htel de Paris）的路易十五餐厅（Louis XV）工作时，主厨弗兰克·切鲁蒂（Frank Cerutti）为了让厨房的员工手脚更麻利，会在他们做餐前准备时播放重金属摇滚乐！

设计师对餐厅噪声的增加也负有不可推卸的责任，他们强烈建议餐厅摒弃他们的软装饰，只留下坚硬的反射面。你看，地毯、软垫椅子和桌布都被撤走了，留下的只有裸露在外的木头，真该让这种新北欧风格好好解释下餐厅的噪声问题。

在这种装修风格下，能吸收噪声的东西一件都没留下。尽管如此，厨师们也并非完全没有过错。毕竟，在格兰特·阿卡兹位于芝加哥的阿丽尼星级餐厅里，把桌布拿掉的原因之一，是为了让菜品首次上桌时发出的声音听起来更有趣些。

过于嘈杂的餐馆和酒吧让人们越来越反感。最近有篇新闻报道称："一群米其林星级大厨发起了一个降低西班牙餐厅噪声的运动，因为他们担心噪声会破坏一些客人的美食体验。"另有一些人则做得更多。

米其林二星级餐厅——马德里尤尼可酒店（Hotel Único）的主厨罗曼·弗雷克沙（Ramon Freixa）最近说道："美食是一种感官体验，噪声减损了这种乐趣。与同伴愉快交谈的声音应该是餐厅里唯一能听见的声音。"那么，怎么才能在就餐时间消除喧闹声呢？要一家挤满顾客的成功餐厅不放音乐当然可以，但要让一家门庭冷落的餐厅也做到这一点，显然有些强人所难了。

此外，还需记住的一点是，背景音乐的作用是确保每一桌顾客的谈话都不会被邻桌探听到。因此，更好的做法是合理设置音量，既让人们感受到背景音乐的存在，又不至于给人带来困扰。

许多厨师和烹饪艺术家发现了这片市场空白，一直为人们提供无声的用餐活动。如果你在缄默中吃东西，就可以真正把注意力都集中到食物上（不用交谈，发短信也不行），这将增强饮食体验的愉悦度。那些让人们在黑暗中吃饭的餐馆大概也是基于同样的考虑。如此专心致志地吃饭还能让人少吃点。

但这些尝试都没有取得商业上的成功，我想是因为尽管这一策略可以通过强调厨房传来的餐前准备声的方式帮助人们设定心理预期（至少管理得当时可以），可坚决要求人们保持沉默，也妨碍了人们吃喝时进行的主要活动，即与一起就餐的伙伴进行交流。

通过一系列的研究，越来越多的研究人员已经证明，我们所听到的声音（以及我们有多喜欢它）会影响人们对各种食物的味道、口感和香气的感知，甚至还会影响人们的享乐评级（即他们有多喜欢某种食物或饮料）。

通常情况下（有趣的是，并不总是这样），我们越喜欢某种音乐，就越享受听音乐时所吃食物或所喝饮料的味道。例如，最近一项针对训练有素的讨论会成员的研究显示，播放他们喜欢的音乐会让意大利果子露散发出甜味，而播放他们不喜欢的音乐则会使其散发出苦味。

尽管有人认为这样的研究不过是派对把戏，当真不得，但我认为，这项研究或许真的会对我们思考感觉与食物的方式产生一些深远的影响。此外，无论你在哪里寻觅美味，我相信这样的研究结果都将影响未来的多感官饮食体验设计。事实上，下一章中我们就会看到这样的一些例子。所以我的预测是，在今后的几年里，你会听到更多声音调味料。

"口腔骑士"：新奇的食物音效增强器

说起吃东西，我们会发现许多受人喜爱的食物特性——在这儿想想酥脆、松脆、冰爽、细滑等特性——都或多或少会受到我们吃东西时所听到的声音的影响。这对年轻的消费者来说无疑非常重要，但我怀疑，未来增加一道菜肴的声音趣味性对快速增长的老龄化人口来说会变得更加重要。

毕竟，70 岁以上人口的数量一直在稳步增长，而到了这个年龄，人们的味觉和嗅觉能力真的会急剧下降（尽管我年过八旬的父母极力否认这一点！）现在，那些庆幸自己还没到这个岁数、上述情况对你不适用的人听好了，我恐怕有一些坏消息要告诉你们。

按照感官科学家的观点，过了青少年时期，一个人的味觉和嗅觉能力就开始走下坡路了。听到这个，一下子就不那么沾沾自喜了吧？我倒认为大可不必太忧心。研究清楚地表明，大多数老年人的嗅觉几乎完全丧失了：也就是说他们再也闻不到任何东西了。不幸的是，一旦味觉或嗅觉开始不可避免地衰退，目前尚无任何方法能使之恢复。（不像是戴眼镜可以恢复视力，戴助听器可以恢复听力。）但至少我们还能做一件事，那就是确保为老年人提供的菜肴发出很多嘎吱声，换句话说，就是使之更具声音吸引力。这应该有助于刺激进食者的嗅觉和味觉。

那么，对那些味觉和嗅觉还处于良好工作状态的年轻人来说，又有什么可期待的呢？日本的研究人员发明了一种有趣的耳机，名为"口腔骑士"（图 4.4），它可以监测用户的下颚运动，并在用户进食时回放预先录制的声音。想象一下，你在吃小熊软糖时听到尖叫声是什么感觉。还有些人正在研究一种增强吸管，它可以再现用吸管喝东西时的声音和感觉：把吸管放在一块画着你想吃的食物的垫子上，然后用力吮吸。这种体验的真实性和有趣程度会让人大吃一惊！

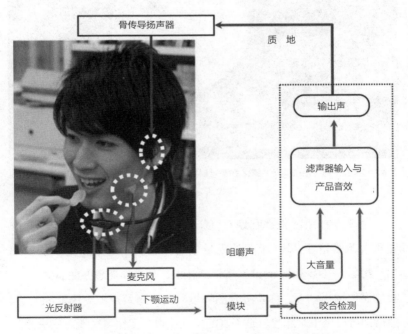

图 4.4 好玩的"口腔骑士"能监测用户的下颌运动，然后回放特定的预先录制的声音

一款名为"EverCrisp"的声音应用程序，可以让你用手机为蔫吧的薯片增加一点嘎吱声，从而使其"焕然一新"。尽管人们很容易想到，在未来几年里，技术手段将在增强我们的饮食体验方面发挥越来越重要的作用（参见第 12 章），但我相信，设计也将发挥至关重要的作用。因此，我想把"库克贝壳"（Krug Shell）（图 4.5）当做示例，展示给你看。

图 4.5 "库克贝壳"，由法国艺术家优恩娜·沃特林（Ionna Vautrin）设计，用来放大香槟酒中的气泡爆裂声

这款产自法国瓷都利摩日（Limoges）的柏图（Bernardaud）陶瓷声波测听器于 2014 年开始限量发售，它紧紧地贴在定制的里德尔·约瑟夫（Riedel Joseph）香槟酒杯上。如果你能想办法搞到一个，我建议你试用一下。你将听到酒杯里的气泡爆裂声被愉快地放大了，然后你可以坐下来想想，是否真的乐意让声音留住"被遗忘的味道"。

GASTROPHYSICS

第 5 章

触　觉

摸得到的灵魂美味

　　如今，在多家世界顶级米其林星级餐厅里，头三四道菜甚至头五道菜都是直接让你用手抓着吃的。哥本哈根的诺玛酒店、西班牙圣塞巴斯蒂安的穆加拉茨餐厅以及布雷的肥鸭餐厅里，都在上演着这一幕。可是你想一下，几年前在米其林二星、三星餐厅里，这些景象简直闻所未闻。当然，我们坐车时会用手吃零食，即便是在高档餐厅里，我们通常也会用手拿面包，用手吃贝类海鲜，但你试过用手吃其他菜吗？对我们来说这很新奇。穆加拉茨餐厅还更为激进，他们在 2016 年时宣布将不再使用传统餐具。

　　在这一章中，我想告诉你们的是，感觉对我们的美食体验和享受来说有多重要。这里说的不仅是我们嘴里的感觉，还包括我们手上的触觉。记住我的话，吃饭和喝酒正在慢慢变成有触觉参与的活动，这是必然趋势。诚然，你在品尝现代主义大厨的新作品时，可能会接触到许多不同的食物质地和口感，可我说的不仅仅是这些，我要谈论的是我们与食物和饮料的完整的触觉互动。毕竟，触觉器官是人类最大的也是最早发展起来的感官，皮肤占了体重 16% ～ 18% 呢。忽视它，后果很严重！

口感是怎么影响味道的？

答案非常之肯定，尽管这是一个很难进行实证研究的课题，因为独立操控触觉线索的难度非常大。例如，增加液体黏度会同时减少饮料表面释放出来的挥发性香气分子数。所以，虽然你可以肯定食物或饮料的口腔体感特性（基本上等同于口感）会影响其味道，但要把引起这种相互作用的因素确定下来可能会很难。

不过就在前不久，感官科学家终于找出了一种能独立改变食物质地和香气的方法。具体做法是，将一根管子放入倒霉的实验对象嘴里，用它来传递香气，从而由此证明，加入某些脂肪气味（fatty aromas）能改变液体的"口感"及其被感知到的厚度。另一方面，增加液体在口腔中的黏度（想想奶油和水的不同口感）也会影响人们对香气的感知。这是真的，因为香气是通过吸管传递的，所以我们可以确定香气的释放并没有因黏度的变化而改变。

为什么不试着吃点草莓、饼干之类的东西？或者你手边有什么就吃点什么。问问自己你尝到的味道来自哪里。答案很可能是，它似乎来自于正在你嘴里打转的食物。我说的对吗？

但随着食物被嚼碎（我的同事喜欢称之为咀嚼），唾液将其运送到口腔的每一个角落，你可能觉得整个嘴巴都在砸巴食物的味道，甚至每次吞咽食物时，鼻子也会传递感觉信号（通过鼻后嗅觉路线）。之后，大脑做了一件非常了不起的工作：把所有这些感官线索重新组合在一起，并在脑海中将它们与各自可能的来源联系起来，最后呈现出来的就是你在嘴里感觉到的食物。通常情况下，大脑都会做得很好，以至于我们很少会停下来想一想。

你在电影院看电影时，观众席四周的扬声器会发出声音，大脑用腹语向你传递这种信息，使之看起来像是来自于屏幕上不断张合的嘴唇。我们吃东西或喝饮料时也会发生同样的情况。阐明这一现象的最简便方法，就是把一茶匙咸的或甜的溶液放进嘴里，然后再用无味的棉签划过舌头。尽管棉签本身没有味道，但此时你会觉得嘴巴里的味道来自于穿行在舌头上的触觉刺激。这揭示了口腔中的触觉刺激是如何"捕获"我们的味觉感知源的。

事实上，大脑这么做，会让我们（在一些更古怪的研究中）错误地把味觉定位到屠夫的舌头上（或人类舌头的橡胶仿制品上）！有些人看到研究人员把某种东西（例如，一滴柠檬汁）涂到了他们身体之外的假舌头上，他们相信自己能尝出来那是什么，而事实上，滴在他们自己舌头上的不过是水而已。

"口腔转介"指的是人们在口腔而不是鼻子中感受到水果味、肉味和烟熏味等食物特性的现象。一个多世纪以来，人们一直认为，吃东西或喝水时口腔里能感受到的触觉刺激解释了气味通过口腔转介传入口腔的原因。然而，事实并非如此。

尽管与味道线索有关的多感官整合发生得如此自然、容易，可这也不应掩盖整合过程那令人难以置信的复杂度。所以在回答"你能感觉到味道吗？"时，答案是："不能。"可即便如此，我们在口腔内外感受到的触觉必定会影响到我们所吃东西和所喝饮料的味道和香气。

手是如何帮我们尝到第一口食物的？

意大利未来主义之父菲利普·托马索·马里内蒂对触觉非常感兴趣。1921 年，他发表了一份名为《达达主义》(*Il tattilismo*)的触觉宣言，并在 20 世纪 30 年代时组织了第一次触觉晚宴。

　　不幸的是，这里有个尴尬的问题：未来主义者不会做饭。意大利媒体对他们嗤之以鼻，将其斥为"厨房里的屁"。他们对待美食的方式注定走不远（他们问题百出的政治观点对他们的事业也没多大帮助）。无怪乎他们在 20 世纪 40 年代就销声匿迹了。不过，我们将在本章中看到，现代厨师和烹饪艺术家开始复兴马里内蒂关于体验设计（忘记食物）的一些不可思议的疯狂想法，并取得了一些令人惊讶的成果。

　　不会做饭当然无法阻挡未来主义者举办最具影响力的晚宴的脚步。对此，有人描述称，参加晚宴的用餐者身上都喷了香水，他们用自己的惯用手拿着叉子，另一只手轻抚着其他相配的东西——如天鹅绒、丝绸或金刚砂纸。所以，如果你想给客人提供完整的"马里内蒂"体验，就坚持让他们穿上不同材质的睡衣，比如天鹅绒的或丝绸的。

　　而后，在食物上桌时，建议他们用一些带纹理的餐具吃饭，同时用另一只手去摸摸隔壁用餐者的睡衣。如果街坊四邻觉得这有点伤风化的话，我有几个更温和的解决方案，你们这些刚刚崭露头角的未来学家可以尝试一下。

　　例如，你可以从"厨房原理"的提出者——伦敦大厨约瑟夫·优素福那里获得灵感。在 2015 年的"通感"晚宴上，他推出了一道菜肴，名为"马里内蒂的菜园"（Marinetti's Vegetable Patch）。盛菜的盘子上有各种不同的纹路，餐桌上还散落着一些黑色立方体（适合拿在手里），这些立方体的每个表面或对偶面都覆盖着不同的材料：魔术贴、天鹅绒、砂纸等。

　　优素福鼓励食客在品尝菜肴中的各种食材的同时也感受下那些有质感的立方体，并要求他们找找口中食物口感和手中立方体触感之间的对应关系。不得不说，有些人根本不知道发生了什么，这些菜肴或实验当然无法对每个人都奏效。但也有一些用餐者（我想大概是三分之一）主动提出，变换他们触摸的立方体表面能够改变他们的饮食体验。有些人会说，这很诡异，各种感觉相互牵连。所以，或许未来主义者的想法终究是有些道理的！

我们和伦敦大学（University of London）的巴里·史密斯（Barry Smith）教授一起组织了一场多感官品酒会，会上我们也做了类似的事情。我们裁下一些不同材质的样本，将其分发给每个人。然后我们端上来几杯红酒，让人们评价不同质感的样本与不同品种的葡萄酒之间搭配得如何。一件如此简单的事，却激起了许多人的兴趣。谁都可以在家里进行这种尝试。为什么不在下次和朋友喝酒时自己试试呢？这至少会让你的客人更关注品酒体验，也有助于解释为什么所有的红酒广告都会用到有关质感的隐喻：如天鹅绒般绵柔，如丝般柔滑等。

在非洲、中东及印度次大陆等许多地方，人们常常用手吃饭。然而，在餐馆里，尤其是在西方国家的餐馆里，无论是用冷冽、光滑的刀叉还是用东方的筷子，我们基本上都用餐具吃饭。我们喝酒时，总会先举起杯子、罐子或瓶子。

在真正意义上，第一口食物或饮料的滋味，是我们用手尝到的。根据感官科学家和气味化学家的说法，餐具或酒器的质感不应对食物和饮品的味道产生任何影响，也不应真正影响你对品尝体验的享受程度。毕竟，厨师、美食评论家和普通消费者等每个人都认为，我们可以简单地忽略"其他一切因素"，把注意力都放在感受盘中食物或杯中饮品的味道上。

但是我们不能如此！这本书都写到这里了，我希望你已经确信了"其他因素"真的很重要，我们的感觉也并不例外。事实上，这些因素对我们的饮食体验所产生的影响，远比我们许多人以为的或者说愿意相信的大得多。

如今，越来越多来自美食物理学新兴领域的研究表明，我们的感觉真的能影响我们的味觉体验。有的世界顶级厨师、分子调酒师、烹饪艺术家，甚至是包装和餐具设计师，都开始更加关注我们吃东西时的触觉感知了。从质地和重量，到温度和坚硬度，他们尝试着改变一切我们吃饭时可能拿在手里把玩的东西。请注意：他们绝不会只满足于改变你手上的触感！最具创造力的体验设计师还在考虑如何更有效地刺激你的嘴唇，甚至是舌头。

如果勺子有纹路，吃起东西来会更让人上瘾吗？

我们还没进化到特别喜欢不锈钢或银质餐具那冰冷光滑触感的程度，反而总想用手吃东西。那么，为什么我们与食物间的诸多互动都是由金属餐具传递的呢？正如顶级室内设计师伊斯拉·克劳福德（Isla Crawford）所说："由天然材料制作的表面往往更受欢迎，因为不平整的表面比完美到无可挑剔的表面更有手感。"

依我看来，有件事很奇怪：早在 20 世纪 70 年代就有很多世界顶级厨师在餐盘里（假设有餐盘，如今还真不能保证盛菜的是餐盘呢！）挥毫江山，他们用我们未曾见过，甚至无从想象的方式来彰显其烹饪天赋和创造力。然而，这些厨师却让他们的食客用传统的刀、叉、勺来吃饭。放到现在看，这真的不是很有想象力，对吧？

谁知道餐具在放进你嘴里之前，在多少人嘴里游荡过呀，如果换成其他东西，你肯定非常抵触。试想一下如果我建议你使用一些别人的牙刷，你会有什么感觉？那么，餐具到底有什么不同呢？

我相信，未来几年中，在如何把食物从盘子或碗里转移到嘴里这一问题上，我们将看到一些突破性创新。我希望，那些思想开放的餐具制造商能从味蕾的分布情况和最新的美食物理学研究中汲取科学知识，并将其转化为令人赏心悦目的餐具设计，以增强我们的饮食体验。最开始，他们的劳动成果可能会出现在现代主义餐厅中。之后，借着某位顶级厨师的名气，某某签名款特制餐具就该慢慢出现在市场上了。

好了，让我们开始触觉之旅吧。看看图 5.1 所示的例子，如果用这些看起来不同寻常的餐具吃东西，你觉得会有什么样的体验呢？可能会更令人难忘，而且绝对更刺激。不幸的是，图 5.1 中所示的勺子全球只有一件。我怀疑短期内你很难从亚马逊上买到这位设计师的作品。

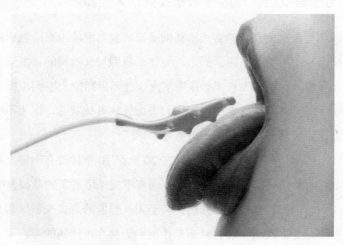

图 5.1　能刺激感官的餐具——来自出色的设计师全真贤（Jinhyun）

真的很遗憾，目前大多数餐具的材质都相差不大。但至少最近有一家主流餐具制造商推出了一系列能调动人们触觉的勺子（图 5.2），这四个纹路不同的勺子会用非比寻常的方式抚摩你的舌头。但我们仍在与大厨约瑟夫·优素福和顶级餐具设计师威廉·韦尔奇（William Welch）一起，研究这些勺子是否能有效提升食物的味道、气味或口感。

　　不过，对那些还无缘拥有这套勺子的人来说，也不必非要花钱买一套全新的餐具了，因为有一些非常简单的方法就能达到有效刺激客人舌头的效果。为什么不在下次邀请他们吃饭时给他们一个惊喜呢？用柠檬汁把勺子弄湿（如果你不想惹麻烦，最好不要用银质的勺子），再把它们浸入糖或咖啡粉等晶体状或砂砾状的东西中，留出一些时间让它们晾干。之后，就在你准备上菜时，在这些勺子里放上一点好吃的东西并将其递给客人。

雨滴形

波纹形

波浪形

水珠形

图 5.2　威廉工作室出品的勺子，它们四个一套且有着不同纹路

　　不管怎么说，卡洛琳·霍普金森等烹饪艺术家就是用这种前所未有的方法来为客人的舌头挠痒痒的。就连顶级餐厅也采用了这种方法，比如阿丽尼餐厅的"奥西特鱼子酱"。至少，这种不寻常的口感会让食客感到惊奇，从而让他们把更多心思放在食物上。

　　另一种改变客人饮食体验的方法是改变餐具的材质。这里有一个实惠的解决办法，就是在餐桌上摆放一些木制的野餐餐具以替换常用的刀叉——这样也可以节省餐具的清洗费用！但是当全球顶级餐厅诺玛酒店做出类似尝试时，有一位用餐者的反应值得注意。

他们在诺玛酒店位于哥本哈根的门店中引入了一些高端木制餐具（图 5.3），虽然我还没机会亲自尝试，但 2015 年时有位同事去过这家餐厅。她一定失望而归了，因为她在回来后给我的信中写道："这就像在用外卖叉吃饭。"如果能在餐馆中开展适当的研究，看看这种反应是否十分普遍，那将会非常有趣。

图 5.3　哥本哈根的诺玛酒店中使用的高端木质餐具。它们的质地确实独特，但对有的人来说，重量太轻了

裹着毛茸茸兔皮的勺子，让食物好吃到直击灵魂

我再怎么强调重量对餐具设计的重要性也不为过。你肯定希望手里的餐具重量适中，两端平衡。在赫斯顿·布鲁门撒尔的肥鸭餐厅里，我最先注意到的就是他们的餐具好重，这些法国拉吉奥乐（Laguiole）风格的餐具是用木材和钢铁制成。餐具设计师威廉·韦尔奇（图 5.2

中有纹路的勺子的设计者）凭直觉判断出，确保餐具的手感良好是非常重要的。他告诉我，对大多数人来说，餐具的手感和外表一样重要。

相比之下，令我惊讶的是，许多年轻厨师居然在餐具上省钱。当然，这是可以理解的。想象一下，几个土耳其青年在郊野某处开了他们的第一家美食酒吧。他们已经为此投入了毕生积蓄，那么开业时就极有可能出现资金短缺。沉甸甸的餐具看起来更像是奢侈品而不是必需品，对吧？可如果他们缩减了这项开支，食客们就只得用轻飘飘的食堂餐具来吃他们精心准备的食物了。这真的会让整体体验打折扣的，我相信你会凭直觉认同这一点。那美食物理学研究是怎么说的呢？

考虑到餐厅已经提供了实践经验，显然现在是时候让美食物理学家介入并开展相关研究了。当然，我们的第一项工作是查阅科学期刊，看看人们已经做了什么。真正令人惊讶的是，探讨餐具对饮食体验影响的文献几乎空白。如此基础性的问题怎么能被忽视了这么久？因此，在我们自己的研究中，我们想一劳永逸地确定手中餐具的重量对口中（或脑海中）食物的品尝体验到底有多重要。

我们已经在交叉模态研究实验室进行了一系列研究，结果表明人们用重一点的勺子吃东西时，对食物的评价通常会比用轻一点的勺子吃同样的东西时更高。但是，在实验室里只能用从商店买的酸奶和重一点的塑料勺子做测试，这与一家高档餐厅的环境相比还有很大差距。那么，在高档餐厅里做实验也能得到同样的结果吗？

在许多严格控制条件的实验室实验中，我们会让同一实验对象用重量不同的勺子品尝不同的食物。使用相同实验对象的一大好处是，我们可以确定实验结果是基于我们的实验操作产生的，而不是源自于人与人之间的个体差异。

不利的一面是，我们的研究形式可能将参与者的注意力过分集中到勺子的重量上了。想象一下，在长达一个小时的时间里，你被要求一遍又一遍地品尝食物，而最突出的变化就是你使用的餐具的重量会有所不同。由于没有其他事情占据你的大脑，餐具的重量就很可能会抓住捕获你的注意力，从而影响你的行为，而这种情况在餐馆里是绝对不会发生的。

基于上述担心（应该说，许多实验室研究都会遇到类似问题），我正在寻找一个合适的机会，在自然环境下进行这项有关餐具的实验。当然，我很乐意在肥鸭餐厅研究那些拿着沉甸甸餐具的食客，可惜这永远无法实现。为什么呢？好吧，有哪个资助机构会同意在晚餐结束时为我所有的研究对象（是的，那些享尽美食的食客）买单呢？目前，肥鸭餐厅的价格接近每人 300 英镑，这还不包括酒水和服务。

足够幸运的是，就在这一时期，我被邀请在一次国际蛋类联盟（International Egg Confederation）的会议上做演讲。组织者想让我为会议代表安排一顿三道菜的实验午餐，好让他们了解真正的美食物理学研究是什么样子的。

我简直不敢相信我的运气！他们刚好给了我一个绝佳的机会来验证这个理论——手中餐具的重量确实会对我们的饮食体验产生影响。我等这一天很久了。这样的测试环境从生态学的角度看是合理的，但我也担心这个实验是否适合在这种状态下进行。

想象一下这样的场景：150 名国际会议代表在爱丁堡（Edinburgh）市中心一家豪华酒店的餐厅里用餐。他们被随机分到不同的桌子上。每个座位上都放着一张记分卡，桌上有铅笔，以便用餐者记录他们的答案。他们被问到有多喜欢这些食物，这些食物被摆放得多有艺术感，以及他们愿意为别家餐厅里一道类似的菜支付多少钱。

虽然与会代表非常清楚自己在参与一项实验，但他们不知道与每道菜相关的具体研究问题是什么。主菜是一块埃蒂夫湖（Loch Etive）鲑鱼肉，服务人员在半数桌子上摆了轻便的餐具，在其余桌子上摆了笨重而昂贵的餐具。但是，我们并没有问人们关于餐具的问题，我们只是问他们食物怎么样。

结果是无可争辩的。那些用较重餐具吃饭的人认为他们的食物摆放得更有艺术感。更重要的是，明明就是同一天在同一家餐厅吃着同样的食物，比起碰巧拿着较轻餐具的人，拿着较重餐具的人愿意为这道菜支付的费用明显更多。一切就是这么简单：给客人的手里加点重量很可能会让他们认为你是一个更好的厨师！既然如此，为什么不现在就把手伸到餐具橱柜，去掂量下自己的餐具的分量呢？你确定给人留下了好印象吗？但你也别太过火：我听到过有关一家餐厅的传言，那里的顾客抱怨餐具太重，拿着不舒服。

我们会定期在我牛津的家里举办实验室晚宴。有一次，当时的住家厨师查尔斯·米歇尔决定从市场上买一只兔子炖着吃。我可以向你保证，它很好吃。但那晚关于这道菜的最令人难忘的记忆，是学院派资深厨师保罗·博古斯在我妻子的餐具上所做的创新。

他向肉店要来了清洗过的兔皮，然后灵机一动，把它们包在勺子的手柄上（图 5.4 左）。刹那间，这只勺子变成了一件真正的多感官餐具——马里内蒂会感到自豪的！我们围坐在餐桌旁,试探性地用"爪子"握着那柔软的、毛茸茸的皮子，淡淡的动物香自我们手中散发出来。毫无疑问，顷刻间每个人都对我们的晚餐真正来自哪里有了更深刻的认识（图 5.4 右，另一个著名的例子）。

几个月后，我在品尝肥鸭餐厅改良过的菜单上的最后一道菜时，

图 5.4　左：查尔斯·米歇尔的毛皮餐具，兔肉的最佳搭档。右：美莱特·奥本海姆（Meret Oppenheim）1936 年的作品《毛皮覆盖的杯盏》。你觉得把这个杯子端到嘴边喝东西是什么感觉？这件艺术品在当时是极具颠覆性的，因为它带有性暗示。你应该并不想皮草太靠近你的嘴唇吧。我们可以想一想弗洛伊德对这件事会有什么看法

迎接我的是图 5.5 所示的那只超重的毛茸茸的白色勺子，可想而知我有多震惊。

现在，我不确定这只勺子一定是理想的选择，因为这道菜本身就

图 5.5　"数绵羊"，肥鸭餐厅菜单上的最后一道菜。如果看到一个这样的勺子，你预计它会有多重呢？（相信我，它绝对比你想的重得多。）

是白色的，轻盈而飘逸，所以我想一只超轻的勺子会与之更相配。可是你拿到的勺子明显比你预想的重一些。（胡椒醛独特的婴儿爽身粉气味正是从勺柄散发出来的）。

不过，这一设计背后的目的可能是：与你预期的感觉形成更强烈的对比。食客们可能会在用餐结束后仔细想想餐具的重量，回味下它对用餐体验的影响。

虽然你想用餐具来提升食物的味道，可你并不一定想让它成为全场瞩目的焦点，从而分散食客的注意力。我认为，在"数绵羊"这道菜上就极可能发生这种情况。至少，如果不是因为你的甜点在一个神奇地漂浮于半空中的小枕头上旋转，这种情况就肯定会发生！

是的，这是真的：这里用到了磁悬浮技术。这类东西你可能从未见过，除非你去过伦敦朗廷酒店（The Langham Hotel）的雅蒂仙酒吧（Artesian bar）。几年前，那里推出了一款上方漂浮着气球的鸡尾酒。因此，我在实验室所做的大部分研究的目的，就是为了搞明白如何利用美食物理学的最新理论来创造更好、更难忘的品尝体验。

为什么用手抓着汉堡吃，比用刀叉吃更爽？

你有没有想过，作为全世界最受欢迎的食物之一，为什么汉堡包一般是用手吃的呢？我甚至可以说，用拇指和食指抓着吃汉堡，比用刀叉从盘子或木板上斯文地吃味道更好。同样的情况也适用于在海边买的直接用报纸包起来的炸鱼或薯条（至少在有人以不卫生为由禁止用报纸包食物以前是这样）。

首先，我要说明的是，在后一种情况下，愉快的品尝体验不只是靠用手吃东西得来的，还有许多其他因素在起作用。尽管如此，仔细想想有那么多食物在用手抓着吃的时候看起来味道更好，真令人惊讶。难怪广受欢迎的美国大厨扎卡里·佩拉乔（Zachary Pelaccio）后来给他的一本烹饪书起名叫《用手吃饭》（*Eat With Your Hands*）。他可真会"赶时髦"。

现在人们不仅用手吃快餐，也用手品尝高级料理。正如本章开头所见，越来越多的米其林星级餐厅已经推出了无需借助餐具进行品尝的食物或者配有全新形式餐具的菜肴。但有趣的是，需要用手吃的菜肴往往最先上桌，我一直在努力找出这背后的原因。如果对于此现象你们有任何想法，请一定告诉我。

很多人写信告诉我说，他们真心觉得直接用手吃东西时，食物的味道会更好。对于从小就用手抓饭吃的印度人来说，这似乎显得特别正确。有的印度人说，每当他们不得不用餐具吃饭时，都会觉得食物都变得寡然无味了。

在扬·马特尔（Yann Martel）所写的《少年派的奇幻漂流》（*The Life of Pi*）一书中，主人公是个印度男孩，他说的一段话阐明了上述观点：

> 我第一次去加拿大的印度餐厅吃饭时，直接用手抓东西吃。服务员用轻蔑的眼光看着我说"你刚下船吧"，一下子把我惊得脸色煞白。
>
> 前一秒，我的手指还是抢在嘴巴之前品尝食物的"味蕾"，可在他的注视下，它们似乎都变脏了。它们就这么僵在半空中，像是被抓了现行的罪犯。我不敢舔它们，只得羞愧地用餐巾擦了擦手。
>
> 这位服务员根本不知道这些话伤我多深，它们简直像钉子一样扎进了我的肉里。我被迫拿起了刀叉，在此之前我几乎从未使

用过这种餐具。我的手在颤抖。我的南印酸豆汤（Sambar）都
失去了味道。

人们用手指、刀叉或者筷子吃不同的食物并为其打分时，评价会有什么区别呢？我一直想对此做个比较。答案可能会随食物本身和就餐环境而改变，当然用餐者的个体差异和使用餐具的习惯更会对结果产生影响。尽管如此，一些有趣的研究结果已经表明，食物在手里的触感确实会影响我们的味觉体验。

例如，我的同事迈克尔·巴内特－考恩（Michael Barnett-Cowan）在加拿大进行了一项研究：把两半块两端相反的椒盐饼粘在一起，有时两者口感相同（都比较新鲜或者都不新鲜），有时候两者口感不同。想象一下这样的情景：你手里可能拿着一块不新鲜的椒盐饼，但嘴里却在嚼着一块新鲜又软和的饼，或者反过来也行。研究结果显示，食物在手里的触感确实会影响人们对食物味道的评价。

再教你们简单易行的一招，任何人在家就能尝试：下次邀请朋友们来做客时不提供餐具。一些读者可能担心《德布雷特礼仪指南》（*Debrett 's Guide to Etiquette*）对此会怎么说，但好消息是，2012 年版的《指南》终于承认，手抓食物可以被上流社会接受，至少对披萨、可颂和冰淇淋甜筒等食物来说是这样。不过，你做什么都好，就是千万别吃完舔手指！

最后，悄悄告诉你，第一次约会时用手吃饭也是个好主意，至少最近开展的一项针对 2 000 人的调查结果是这么说的，报纸上都报道了。男性看着女性用手吃饭，并弄得杯盘狼藉时，会觉得很刺激。所以现在你知道了！（如果你是一位希望给女士留下良好第一印象的男士，最重要提示就是千万不要点沙拉作为主菜！）

为什么牡蛎招人反感的是质地，而不是口味？

我的同事萨姆·彭帕司讲述了他有次在韩国参加晚宴的经历：一只活鱿鱼的触手被直接切下，放到盘子里端了上来。东道主诚恳地建议萨姆用力咀嚼，以免那些仍在蠕动的吸盘在下咽过程中粘在他的喉咙上！

这很恶心，对吧？讽刺的是，尽管我们的视觉注意力会毫无悬念地被活蹦乱跳的食物所吸引（参见第 3 章），可一旦吃进嘴里，食物还在乱动就是我们最不想要的了。

人们对仍在嘴里蠕动的东西深恶痛绝（要是在喉咙里蠕动就更不能忍了），这大概就是几年前诺玛酒店因供应活蚂蚁而引发轩然大波的部分原因吧。（食虫性视角在这里也不能为它开脱。）

一想到嘴里有东西在动，每个人都会觉得很恶心。很久很久以前，我曾去加拿大留学一年，在那儿，每当主场冰球队得分时，学长们都要挑战自我，去吃碗里的活金鱼（谢天谢地，这种情况相当罕见）。

从进化论的角度看，这种对嘴里活物的厌恶，可能是保护我们的祖先免受窒息风险的一种古老机制。尽管如此，我们还是会发现菜单上的文字往往试图给人以一种印象，即他们提供的食物都是活蹦乱跳的，无论它们是什么。

在史蒂夫·库根（Steve Coogan）和罗伯·布莱顿（Rob Brydon）主演的电视剧《旅程》（*The Trip*）中有这么一个场景：服务员介绍了一道名为"休息"的菜，之后罗伯·布莱顿说了一句很棒的台词："说他们在休息已经相当乐观了，他们能休息的日子已经一去不复返了。他们都死了。"

没错，但"死"似乎是一个永远不应该出现在菜单上的词语。

从更普遍的方面来说，食物口感（即使它不动）似乎是影响我们对食物好恶程度的一个特别强烈的驱动因素。举例来说，许多亚洲消费者觉得大米布丁的口感比味道（或气味）更令人生厌。

相比之下，对于在日本吃早餐的西方人来说，发酵黑纳豆的口感和黏稠度也让他们印象深刻。以牡蛎为例，人们反感的常常是这种贝类滑溜溜、黏糊糊的质地，而不是它们的味道。已故的英国美食评论家 A.A. 吉尔（A.A.Gill）对此有段让人印象深刻的描述——"半边贝壳上盛着大海的鼻涕"。许多人都对他的这句话表示赞同。

当然，食物的口感（口腔－体感）也可以成为激发我们喜爱某种食品的一个重要因素。事实上，许多研究人员认为这正是巧克力具有吸引力的关键原因，毕竟巧克力是为数不多的可以在口腔温度下融化的食物之一。（试着吃一块很冰的巧克力和一块热巧克力来体验这种不同。）

口感在决定我们对食物品质的感知、食物的可接受性及我们对食物和饮料的最终偏好方面发挥着至关重要的作用。想想看，"安慰食物"通常质地柔软（例如，土豆泥、苹果酱和各种布丁）。事实上，有人认为，具有这种质地的食物往往给人以令人欣慰又极富营养的印象。

相比之下，许多零食都很脆，比如薯条和椒盐饼。口感对比是许多厨师和食品研发人员都在使用的技巧。众所周知，消费者在吃东西时非常重视这种体验。

正如芭波·斯塔基在《品尝你正错过的好食物》（*Taste What You're Missing*）一书中所说："优秀的厨师会炉火纯青地运用四种不同方法，不遗余力地为他们盘子的食物增添口感对比：在一顿饭里，在一只餐盘上，在复杂的食物里，在简单的食物里。"

触觉设计狂：超光滑包装盒能让巧克力吃起来如丝般顺滑吗？

尽管难以置信，但出版界 2016 年确实出版了 5 本关于碗装食物的书，是的，5 本。你应该问问自己，为什么用碗盛食物很重要？很明显，这么做的主要吸引力在于它能让每样东西尝起来更好吃，就连格温妮丝·帕特洛（Gwyneth Paltrow，美国著名电影演员，饰演过钢铁侠的妻子）也这么认为。如此说来，这一定是真的。当然，这不仅仅是一个用新碗装旧物的问题，对碗装食物爱好者来说，吸引他们的是，他们的碗里装满了健康又营养的食物。

把热气腾腾的食物盛在碗里，可以让用餐者尽情地嗅吸食物的香气。可如果把同样的食物放在盘子里端上桌时，我们都不太可能这样做。正如我们之前所看到的，任何能增强菜肴嗅觉冲击力的东西都有可能提高味觉体验，甚至于增加饱腹感。

把碗捧在手里，意味着你也能感受到它的重量。有证据表明，碗的分量越重，你期待感受到的饱腹感就越强（即你会觉得更饱）。当然，对食品和饮料公司，尤其是那些努力推出能填饱肚子的零食（比如酸奶）的公司来说，这是个问题，因为政府建议他们将包装做得更轻。在我们的研究中屡次出现这样的结果，增加软饮料罐、巧克力盒或酸奶盒的重量，会让人们对产品的评价更高，无论里面装着什么。

捧着一个碗，你能感觉到碗中食物的温度，还能触摸到碗底的纹理和那令人安心的浑圆。请注意，餐盘的质地也被证明能改变人们的饮食体验。例如，在最近开展的一项研究中，我们发现，人们认为放在粗糙盘子里的姜汁饼干比放在传统光滑盘子里的吃起来更辣。

手里拿着一个温暖的杯子或碗，甚至会让你觉得周围的人都变得更友善了。还有更有趣的事情，用无边碗盛食物会欺骗我们的大脑，让我们认为自己碗里的食物更多，但其实无边碗里的食物与宽边碗里的一样多。此外，据说碗还很上镜。最后，从美食物理学的角度看，对那些既想吃饱又想吃得健康的人来说，碗装食物可能真的有着特别的吸引力。

为什么我们的感觉会对我们的味觉体验产生如此大的影响，尤其是在与我们互动的还不是食物本身的情况下。答案可能与"情感腹语术"（affective ventriloquism）的概念有关。

几年前，我与同事阿尔贝托·格莱士（Alberto Gallace）注意到，人们似乎会把他们触摸东西时所产生的情感反应，转移到他们对食物或饮料本身的看法上。也就是说，我们发现人们很难把他们对食物或饮料的印象与他们对餐具、玻璃器皿或盘子的印象分离开来。相反，我们对其中一者的看法很容易影响到对另一者的判断。

考虑到有三分之一的食品和饮料我们是直接撕开包装就开吃了，那得到产品设计师和营销人员经过精心优化的产品包装的触感也就不足为奇了。事实上，这可能是我们大多数人接触到触觉设计新世界的方式。在某些情况下，产品包装设计师这么做的目的是通过处理包装表面使其具有与水果相同的触觉，从而突出或传达水果的概念。积富（Jif）柠檬汁的老包装就是个经典的例子。在本例中，果汁瓶的大小、颜色甚至触觉都与真的柠檬相仿（图 5.6）。

然而，我最喜欢的还是日本高端设计师深泽直人（Naoto Fukasawa）的作品。他设计了一系列超级逼真的包装雏形，比如，有种饮料容器完美复制了触摸水果的体验，而相比之下，积富牌柠檬就显得廉价了。这位设计师完美呈现了香蕉、草莓等水果的表面，但最令人印象深刻的当属猕猴桃毛茸茸的外皮，真的太令人惊讶了。

15 年前，我们开始就该研究主题与联合利华展开合作。我们那时的想法是，对立顿（Lipton）桃子味冰茶的包装进行处理，使之有一种如桃子般毛茸茸的触觉，以此来增强该产品的果味。在当时，这种方案成本太高，根本行不通，但到了今天，再想让包装表面具有独特而真实的感觉，就变得便宜多了——对食品和饮料公司来说这是个好消息。

图 5.6 从左到右依次是：格朗尼（Granini）玻璃瓶、深泽直人设计的超级逼真的果汁饮料包装、积富牌柠檬汁包装。这些多感官包装也许能通过模仿其所含水果的表面质地来增强消费体验

基于这些年的研究成果，我比以往任何时候都更加确信，在未来，提高消费者饮食体验的一个重要途径是让他们手上的触觉感受变得更加真实。

无论是刀叉、玻璃器皿，还是盘子、碗，美食物理学的研究方法都为餐桌上出现的富有创造力的触觉设计提供了有利支撑。最极端、最有趣的例子还将出自设计师、现代主义厨师和分子调酒师之手。

然而，我的预测是，从喜力易拉罐上的纹理漆（2010 年推出的新包装，这种特殊罐子是为了让产品有"署名感"）到一些高档巧克力盒那如丝般柔滑的表面，大多数人都将通过食品和饮料包装接触到这些新体验。

GASTROPHYSICS

第 6 章

气氛是如何统领美食体验的？

当我们谈及饮食体验时，绝对不能忽视环境。如果你背井离乡，独自漂泊在异国，那么想要找个地方吃饭时，是不是常常会在某家热闹的餐厅外驻足呢？换句话说，就是常会被吸引到那种有"气氛"的餐厅里去。我们不是都会远离那些没有人气的地方吗？你知道的，无论推荐程度有多高，那些餐馆看起来都是死气沉沉的。

餐厅的氛围能否影响我们的食量和消费预期呢？餐馆的老板们肯定是这么认为的。时光倒流回 1965 年，波士顿第四码头（Pier Four）餐厅还是那时北美最成功的餐厅，那里的老板说："如果没有这种令人舒适的氛围，我们可能就没法把生意做到现在的规模。"

但除了能对翻桌率和利润最大化产生影响外，餐厅的氛围真能通过播放恰当的背景音乐的方式来提高人们的味觉感知和饮食愉悦度吗？当背景环境或气氛发生变化时，食物的味道真的会有所不同吗？我将在本章中向你们展示，新兴的美食物理学研究表明，这些问题的答案往往是肯定的。

在很多情况下，音乐、灯光、环境香气、你坐在椅子上的感觉等环境属性，确实能够影响用餐体验。营销人员早就意识到了背景环境的重要作用。例如，著名的北美营销大师菲利普·科特勒在他早期所写的关于氛围的开创性论文中强调：呈现产品或服务的氛围是整个产品供应环节中的关键部分，而这种氛围本身就能调动多重感官。他在有形产品和整体产品之间作了个区分。我认为，鉴于这种区分影响深远，他的话值得放在这里供我们参考：

> 一双鞋、一台冰箱、一次理发或一顿饭，这些有形产品只是消费总额的一小部分。而消费者做出的反应是针对整体产品的。……整体产品还有一个更为显著的特征，这一特征与它们被购买或消费的地点有关。某些情况下，这个地方，或者更具体地说是这个地方的氛围，在购买决策阶段比产品本身更有影响力。有时候，气氛才是主要产品。

到目前为止，大多数关于餐厅氛围的研究都集中在音乐上——这是背景环境中最容易改变的方面。那么，先让我们来看看背景音乐影响我们就餐行为的证据吧。

超市播放法国音乐时，为什么法国产葡萄酒更易热卖？

如果餐馆里播放的音乐节奏加快、音量增强，你认为自己会吃得更快吗？如果他们播放的是古典音乐而不是音乐风云榜上排名前40的通俗歌曲，你最终会花费更多吗？如果背景音乐是手风琴曲，你会更愿意选择法式料理吗？这听起来有点像天方夜谭，对吧？

然而，在一项令人印象深刻的有关背景音乐如何影响消费者购买行为的研究中，其研究结果证实了上述问题的真实性。实验中，研究人员在一家英国超市的葡萄酒销售区不停地更换背景音乐类型。当播放法国乐曲时，大多数人会购买法国产的葡萄酒；而在播放独特的德国音乐时，卖出去的葡萄酒大部分是德国产的。耳听为虚，眼见为实（图 6.1）。

背景音乐

	法国手风琴曲	德国酒馆音乐
法国酒的 销售数量	**40** (77%)	**12** (23%)
德国酒的 销售数量	**8** (27%)	**22** (73%)

图 6.1　这项旨在研究环境音乐对人们行为影响的市场研究常被引用，图中显示法国产葡萄酒与德国产葡萄酒的销售数量（括号内显示销售百分比）与背景音乐的关系

当研究人员把结果拿出来时，大多数人都深信他们不可能那么容易地被影响到。事实上，那些参与实验、在离开收银台时接受调查的顾客也是这么认为的，其中多数人坚决否认他们当天所做的购买决定受到了背景音乐的影响。他们自信地宣称，他们本就打算购买法国葡萄酒，只不过背景音乐恰好是手风琴曲。然而，销售数据反映的情况可远不是这么回事。

基于这些情况，你或许就更能理解美食物理学家常对人们的主观

报告持怀疑态度的原因了。行胜于言，还是多观察人们做什么比较好，千万别只听信他们的说辞。

你觉得自己的饮食偏好会受到餐厅装修风格变化的影响吗？早在 20 世纪 90 年代初，一项在英国伯恩茅斯大学（Bournemouth University）小食堂开展的研究就在某种程度上回答了这个问题。

研究人员想知道他们能否在不改变食物供应的情况下，增加一些意大利菜的"民族特色"。为此，他们展开了为期四天的调研，其间他们为食客提供了精选的意大利菜肴和英国美食。头两天，餐厅的装修风格和往常一样（比如，白色的桌布，未经装饰的墙壁和天花板）。后两天，这家餐厅更具意大利风情：墙壁和天花板上挂着意大利国旗和海报，桌子上铺着红白格子桌布。每张桌子上还都放着一瓶葡萄酒。

用餐者（共 138 人）吃完饭后被邀请填写一份问卷，回答这顿饭多有民族特色、他们对这一餐的总体接受程度等问题。把餐厅装饰成意大利风格，会促使食客更倾向于选择意大利面和冰淇淋、萨巴里安尼（zabaglione）等意大利甜点，而选择吃鱼的顾客显然变得更少了。为餐厅增添浓浓的意大利气息，会让食客觉得这里的意大利面更正宗，这顿饭的民族特色更浓——76% 的受访者称他们吃的是意大利餐，而在正常条件下，这一比例仅为 37%。

上述结果表明，仅仅改变就餐环境的视觉特征，就能影响到人们对一顿饭的看法。在我们看到的景象的基础上，再播放意大利音乐，谁知道多感官气氛效应的影响会多么明显呢！

所以，即便在家吃饭，你也可以试着播放一些意大利歌剧，让你的披萨和意面尝起来更正宗。著名电影导演弗朗西斯·福特·科波拉（Francis Ford Coppola）在拍摄电影时，就坚持"音乐伴奏要与菜单相匹配——吃意大利餐就找手风琴乐手来伴奏，吃墨西哥餐就找墨西哥乐队来伴奏"。

可问题依旧悬而未决，实际点儿说，什么样的音乐与你的外卖披萨最相配呢？即使意大利音乐能使意大利食物看起来更正宗，可或许它仍不能带给用餐者最佳体验吧？好吧，你听到下面这个消息应该会很开心：为了搞明白这个问题，最近代表 Just Eat 网站（一家外卖订餐网站，类似于美国的 Seamless）在交叉模态研究实验室做了相关研究。我们询问了超过 700 名消费者，让他们选出哪 20 首音乐跟意大利菜、印度菜、泰国菜、中国菜和寿司这 5 种英国最常见的外卖食物最相配。从节奏蓝调、嘻哈音乐、流行乐、摇滚乐，到古典音乐和爵士乐，都有人选择，这些音乐横跨了多种流派。

调查结果显示，帕瓦罗蒂（Pavarotti）的《今夜无人入睡》（*Nessun Dorma*）是意大利外卖食品的最佳配乐；而整体上，无论我们的参与者点了什么外卖，妮娜·西蒙（Nina Simone）的《飞一般的感觉》（*Feeling Good*）和弗兰克·辛纳屈（Frank Sinatra）的《唱给我的宝贝》（*One for My Baby*）总是排在前三名。因此，对于没有特殊音乐爱好的人来说，它们似乎是安全的选择。

令人吃惊的是，贾斯汀·比伯（Justin Bieber）的《宝贝》（*Baby*）几乎垫底。所以这首歌在这里是一大禁忌——我们已经提醒过你了。（所有比伯的粉丝们，我们表示很抱歉……但你们不能和数据争辩！）至于结果为什么会这样，嗯，这是一个我们仍在努力回答的问题。

将古典音乐作为背景乐往往能让人们消费更多。无论是在学生食堂观察用餐者的支付意愿还是在其他餐厅观察顾客的实际消费行为，结果都证明这一点是正确的。事实上，在这种情况下，人均消费增加10% 也不是什么稀罕事。例如，阿德里安·诺斯（Adrian North）教授在莱斯特郡（Leicestershire）波斯沃斯市（Market Bosworth）的索弗里餐厅（Softley's restaurant）开展的一项研究表明，当餐厅中播放古典音乐而不是流行音乐时，用餐者的人均消费会增加 2 英镑。在另一项研究中，当播放古典音乐而不是排名前 40 的流行歌曲时，葡萄酒专卖店里的顾客会花更多钱。

　　背景音乐能够影响我们对食物本身的满意度。那不用猜你也知道了，某个环境中播放的音乐越让人心烦意乱，人们待在这儿的时间就越少；而他们越喜欢背景音乐，待的时间就越长。而且，一般来说，你越喜欢某种音乐或环境，就会越喜欢这儿的食物和饮料。我总是建议客户自己花心思研究下，弄清楚什么样的音乐背景最适合他们。在用餐时听音乐或者交谈是否恰当这个问题上，很可能存在一些显著的文化差异。例如，在韩国和日本，人们在餐馆吃饭时普遍比较沉默，没人多说话，也没有背景音乐。

　　也就是说，重要的是要牢记餐厅理念、顾客需求和播放的音乐类型之间的一致性。在到处涌现的脏兮兮的汉堡店中播放古典音乐，就不是正确的选择。这看起来特别不搭，对吧？但对于一家法国葡萄酒的溢价要比地窖里的任何其他东西都要高出许多的高档酒店餐厅来说，古典乐的影响力是显而易见的。从这里我们可以推断出，古典音乐很可能是阶级的主要象征，一般来说，那些被古典音乐所吸引的人可能更富有些。

　　接下来，我们来研究下节奏（即每分钟的节拍数）和音量。你吃饭或喝饮料的速度是否会受到背景音乐节奏的影响呢？到这会儿，我想你已经猜到这个问题的答案了。事实上，许多研究表明，播放快节奏的音乐会提高人们吃饭的速度。

　　1986 年时，北美市场营销学教授 R.E. 米利曼（R. E. Milliman）

进行的一项研究堪称该领域的经典。研究人员在一家中等规模的餐厅里对背景音乐的节奏进行操纵，并对 1 400 名北美食客的行为进行观察和评估，结果发现当播放快节奏的器乐时，他们吃饭的速度要快得多；而当播放慢音乐时，用餐者的吃饭时间会延长十多分钟，这使得他们在餐馆里逗留了差不多一个小时。

尽管音乐节奏的快慢对人们在食物上花费的多少没有影响，但在最后的酒水消费上却体现出明显的不同：那些被慢音乐环绕的人会多花约三分之一的钱在酒水上！播放慢节奏音乐使餐厅的毛利润增加了近 15%，这在客流较少时无疑是个明智的选择。然而，如果顾客排队都排到大门外去了，此时餐馆老板就最好播放一些快节奏的音乐。

一家连锁餐厅真的会如此煞费苦心地控制客流量吗？当然了！听听克里斯·戈卢布（Chris Golub）是怎么说的吧，他负责为全美的 1 500 家墨西哥连锁快餐店（Chipotle）挑选背景音乐："午餐和晚餐高峰期播放的音乐节奏更快，因为要使顾客不断流动。"

事实上，每当戈卢布考虑把一些音乐添加到播放列表里去时，他就会常去 Chipotle 的纽约分店坐坐，观察人们对不同音乐的反应。根据顾客的反应，他会适当调整音乐节奏和风格，然后把经验分享到全国各地的分店去。美中不足的就是这里缺乏统计分析，不然这就是一项十分成熟的美食物理学研究了！

当然，归根结底，餐馆老板和酒吧经理还是对增加利润最感兴趣。例如，硬石咖啡连锁店（The Hard Rock Café chain）会在其咖啡厅内播放响亮的音乐，因为这有助于增加销售量。用一段引自《纽约时报》的评论来说明问题吧："自从硬石咖啡厅的创始人意识到大声播放快节奏的音乐能让客人们说得更少、喝得更多、离开得更快开始，他们的实践就可被归结为一门科学，一种足以载入《公司历史国际名录》

（*Company Histories*）的营销技巧。"

而另一份报告指出："当酒吧里的音乐音量调高 22% 时，顾客的饮酒速度会增加 26%。"这下你知道为什么那么多餐馆和酒吧的音乐声越来越大吧？一言以蔽之，这能从我们的口袋里掏出更多钱来！

虽然如此，可很多基础研究还是许多年前在不同时间、不同地点进行的，其结果可能不再适用。我给餐馆老板的建议只有一条，就是要意识到气氛对食物的重要性。这至少可以帮助你避免这样的情况：厨师对食物非常上心，但前台经理却在随机播放音乐。你知道这可能造成很尴尬的局面：比方说，七月中旬的一天，你正在一家泰国餐厅吃饭，可你突然听到弗兰克·辛纳屈在唱《铃儿响叮当》（*Jingle Bells*）！这真的不应该发生，可我们都知道这样的事情确实发生过，而且次数还不少。

如果你有机会做实验，为什么不试试这周放法国音乐，下周放美国摇滚，或者今天放古典音乐，明天放流行音乐，亲眼看看这会如何影响人们对食物的评价（或者，更重要的是销量）。美食物理研究提供了一些颇具可行性的建议，但你必须自行验证，以确保达到你想要的效果。不过，一般说来，气氛与食物相配（或相一致）时，人们会更喜欢这种体验。

大多数咖啡店的座椅硬邦邦，竟是为了不让你舒服到"葛优躺"

你有没有想过，为什么大多数时髦咖啡店的座椅都硬邦邦的，一点儿也不舒服？好吧，简言之，他们只是不想让你多做停留。我认识的许多咖啡师都会故意挑选又硬又不舒服的家具，以免有的顾客整日在店里游荡并霸占桌子。无需美食物理学家点拨你也知道，椅子越不舒服，你逗留的时间就越短。

多年来。麦当劳一直在践行这一点，正如一位评论人士所说："写进（麦当劳）座位设计指南的规则是，让人们坐 10 分钟以上就感到不舒服。"不过，在高端餐厅，顾客停留的时间从来不是问题，他们一直在考虑的问题是如何增加食物摆放的空间感。

一些极有创新精神的厨师，如旧金山赛森餐厅（Saison）的老板兼主厨约书亚·斯基尼斯（Joshua Skenes），已经开始尝试给自己的餐厅营造一种与众不同的感觉了。这位大厨说："你需要美味的食物、周到的服务、优质的葡萄酒和极度的舒适。舒适意味着一切。它意味着你接触到的布料适宜，盘子、银质餐具等的大小适中。我们会把盖毯放在座椅靠背上。"请看图 6.2，哥本哈根的诺玛酒店似乎也在做着同样的事情。

图 6.2　哥本哈根的诺玛酒店里摆放着有质感的椅子

你喜欢坐在圆桌旁还是方桌旁？一般来说，相比于棱角分明的形状，人们更喜欢圆形（或曲线形），这种偏好从日常用品延伸到建筑空间，甚至体现在家具的选择上。

一些进化心理学家认为，之所以有这种看似无处不在的偏好，是因为棱角分明的形状与危险相关（想想锋利而危险的武器）。当然，受现实因素的影响，大多数传统餐厅的平面图还是有棱角的，但方形空间可以作为装饰、家具等圆形元素的框架。

在最近的一项研究中，研究人员向一群北美大学生展示了一些放置有方形或圆形家具的室内环境图片。有趣的是，参与者更愿意接近曲线形家具而不是直线型家具。研究结果显示了人们对圆形家具的偏爱，而圆形家具也确实能为人们带来更大的愉悦感。正如一位参与者所说："圆形家具似乎散发着一种平静感。"

使用圆桌更能给人以一种宾至如归的感觉，能让餐厅更受欢迎，但同时也会减少餐厅的容纳能力——这大概就是许多餐厅顾问建议搭配使用圆形和方形桌的原因吧，目的是在亲和力和盈利能力之间取得平衡。

气氛营销是怎么变成餐厅印钞机的？

有一些传统餐厅未曾在优化用餐气氛方面做出任何尝试：想想那些寺庙的素斋：朴实无华的白墙配着高级烹饪，食客坐在笔挺的白桌布前（或者，赶个时髦只放一张硬挺的餐巾）安静地吃饭，恭敬地保持着沉默。没有人会认为这样的场景是为了分散食客对食物的注意力，对吧？

有人认为，对这些传统餐厅的老板来说，增添环境香气或改变空间温度以搭配所供应的菜肴，完全让人无法忍受。我想这么简朴的餐厅也总有其生存空间。但我感觉，至少在当前的大环境下，我们很难让这种风格显得与时俱进或者令人兴奋。这些古朴的餐厅大多正在被更具体验性的餐饮理念所取代，渐渐退出了圣佩莱格里诺全球 50 佳餐厅名单。

更重要的是，我们要记住，就算清除了用餐氛围的影响，其他因素也仍然在起作用。在这里，我想起了一位评论家的话："在现代餐厅用餐就像是进行一次编码体验，让建筑、菜肴，乃至顾客都成为构建整体消费形象的代码，那么餐厅提供的就不仅仅是食物了，它们提供的是一种体验。"所以，就算装修走的是极简主义风格，气氛也绝不会是完全"中性"的。

毫无疑问，在"白立方"环境中提供菜肴，食客对其的评价可能会与在他们喜欢的环境中有所不同。有证据表明，食客会认为这些食物品质更好，价格更贵，尽管可能不那么令人难忘。关键是，无论食物在哪里被供应和消费，用餐氛围总是存在的。

同样的道理也适用于那些出售健康、天然、有机商品的店铺和餐馆，当你走进这些地方时，一篮篮的新鲜农产品映入眼帘（杰米·奥利弗的许多餐馆都属这一类型）。毋庸置疑，这种氛围本身就在用餐者的脑海中勾起了健康和自然的概念。它看似随意，实则精巧——创作展览品本身就是一种技巧。

通常，人们会花许多心思来营造一种"自然"的环境，虽别出心裁，可并不实用。事实上，我敢打赌，这对饮食体验的影响与其他餐厅并无二致，虽然那些餐厅的用餐氛围会随每道菜的变化而变化。但说到底他们仍在描绘一种印象，一种期待，这将为食客与美食的邂逅增色不少。

这些年来，一些餐厅在提供多感官氛围方面确实做得太过火了。早期最著名的例子就是汤加空间和飓风酒吧（Tonga Room & Hurricane Bar），它于1945年开业，地处旧金山（San Francisco）费尔蒙特酒店（Fairmont）的地下室。我还记得自己在读研究生期间去过那儿，那时我对多感官餐饮的兴趣尚未生根发芽。

在酒吧的正常开放时间内，每三十分钟左右就会出现一场壮观的热带雷暴，并伴有模拟雷电。虽然这是个好主意，但多年来一直上演着的相同的声光秀，已经对这个地方造成了损害——它看起来有点累了。此外，很容易想象，顾客已经很好地适应了这种不断重复的多感官场景。

汤加空间和飓风酒吧开业五十多年后，在大洋彼岸，又横空出世了一家热带雨林餐馆（The Rainforest Café）。这家著名的伦敦餐厅也提供了一种旨在刺激顾客一切感官的体验。每隔半小时左右，餐厅就会变暗，热带雷暴的隆隆声和闪光就会出来"招待"贵宾了。汤加空间和飓风酒吧的目标客户群体更为成熟，而热带雨林餐馆则显然把目光投向更为年轻的市场（或者更确切地说，瞄准了那些负责为年轻人买单的人的口袋）。

自诩为体验经济工程师（见第 11 章）的 B.J. 派因二世（B. J. Pine, II）和 J.H. 吉尔摩（J. H. Gilmore）说："雨林咖啡馆的雾气会持续吸引五种感觉器官。先是'沙沙沙－嘶嘶嘶'的声音响起，而后你会看到雾气从岩石中升腾，它轻抚过你的皮肤，软软的，凉凉的。最后，你闻到了热带雨林的气息，品尝（或者想象）到了它的清新。你完全无法不受这种雾气的影响。"

毫无疑问，无论成年人是否喜欢，这种体验在目标受众（即儿童）中取得了令人难以置信的成功。我的侄女们连续好几年都是这家餐厅的超级粉丝，不过我想，她们现在都已经长大了，应该没那么喜欢它了。从商业角度讲，这家合资企业取得了多大的成功是显而易见的。换句话说，气氛营销做得好，无尽财源滚滚来。

不得不说，有时候，人们怀疑只有在用餐氛围能让餐厅在竞争对手中脱颖而出并提高利润的情况下，餐厅老板才会对它感兴趣。当然，对糟糕的财务状况嗤之以鼻再容易不过了，可谁不希望最终至少能实现收支平衡呢？颇具影响力的英国大厨马可·皮埃尔·怀特（Marco Pierre White）曾说过：

> 说自己纯粹是为了热爱才做料理的大厨都是骗子。说到底，一切都是为了钱。我以前从没想过自己有天会这么认为，但现在我就是这么想了。我不想为了偿还银行贷款而每周要死要活地工作六天……如果没有钱，你就什么也做不了；你就是社会的囚徒。说到底，这只是另一种工作而已。这里全是汗水、辛劳和污垢：这真是悲惨的生活。

你也可以把很受欢迎的黑暗餐厅——比如柏林的暗夜迷踪餐厅（Dark Restaurant Nocti Vagus in Berlin）——拿出来说说，它们显然也能放入氛围营销的框架中。只不过在这种情况下，感官输入是被剔除了，而不是增加了。尽管如此，去这些餐厅吃饭绝对是一种难得的经历，只是这种体验不一定是以美食为中心的。

总而言之，从我们选择在哪儿吃饭、吃什么，到逗留的时间乃至我们对整体用餐体验的评价，餐厅氛围影响着我们饮食行为的方方面面（图 6.3）。但值得注意的是，我们目前尚未解决一个更为基本的问题，即改变环境是否真的会改变人们对盘中餐或杯中酒的感知。这是美食物理学家最感兴趣的问题。

要是让厨师来谈谈看法，你一准儿会听到相互矛盾的观点。法国大厨保罗·派雷特接受记者采访时说，他不相信上海"紫外光"餐厅的多感官氛围能让他的菜尝起来更好吃，他认为用餐氛围仅仅能让人们"对这道菜的记忆更深刻"。

图 6.3　所有感官都在我们的饮食行为控制上发挥着作用。聪明的餐馆老板知道如何利用它们创造惬意的就餐环境。科学的多感官氛围设计帮助许多连锁餐厅提高了盈利能力

这是一个值得追寻的目标，但这就足够了吗？具有讽刺意味的是，引述派雷特话语的那篇新闻报道本身似乎就持不同观点。这位记者说："每道菜都配有一套精心设计的声音、视觉甚至是嗅觉效果，所有的一切都是为了营造一种特殊的氛围，为菜肴的味道增色。"

然而，与派雷特想法一致的可不是只有他自己，法国大厨阿兰·桑德朗（Alain Senderens）也这么认为。他曾抱怨米其林餐厅的员工对精致的配饰过于偏爱。他说："我每年花费几十万欧元为餐厅购置鲜花和玻璃器皿，但这并不能让食物变得更好吃。"

赫斯顿·布鲁门撒尔等人站在了另一阵营，他们认为氛围真的可

以改变品尝体验。早在 2007 年于牛津举办的"艺术与感官"会议上，我们就与赫斯顿联手，首次证明了这一点。

在那次活动中，幸运的参与者一边听着海浪声一边吃着牡蛎，或者一边听着培根的哗哗作响声或是咯咯的鸡叫声，一边品尝着培根鸡蛋冰淇淋。我们发现，当人们听到散养土鸡在院子里咯咯叫的声音时，他们会觉得培根鸡蛋冰淇淋的鸡蛋味更浓；而当我们播放滋滋作响的煎培根声时，培根的味道会陡然变浓起来。背景声音的改变影响了人们对食物的感知。与此同时，播放大海的声音也能让牡蛎吃起来更美味（但没有变得更咸）。

这些年来，我有幸与一些世界领先的饮料品牌商合作，面向大众举办各种大型的多感官品鉴活动。这些活动的理论支撑都在于我们相信改变氛围会影响品尝体验。我们一直在努力尝试改变环境中的视觉和嗅觉因素，而不仅仅是控制背景声。接下来，请允许我和你们分享一些这样的经历。

自然风的室内装修让威士忌尝起来有什么不一样？

这种美食物理学研究的典型代表是"单感官实验"（The Singleton Sensorium），这项研究于 2013 年在伦敦市中心的苏豪区（Soho）进行，实验整整持续了三晚。参与实验的伙伴来自英国顶尖创意团队"调料迷"（Condiment Junkie），他们在一家老式枪械制造厂里布置了三间风格迥异的房间。其中一个房间旨在重现惬意的英国夏日午后景象，另一个房间被设计成了甜蜜国度，第三个房间则有着明显的木质主题。他们还制作了一些烘托气氛的背景音乐在每个房间里播放。

以那间充满甜蜜气息的房子为例，它被装饰成粉红色，因为大多数人常会把这种颜色与甜味联系在一起。房间里也没有什么棱角分明的东西，所有物件儿都是圆的——蒲团、桌子甚至是地面和窗棂。为什么呢？因为我们的研究表明，人们会把圆润的形状和甜味联系起来。

　　这里还弥漫着一种香甜的，但与食物无关的气味，天花板上安装的扩音器里传来风铃的叮当声。后一种选择同样有科学依据。我们的实验室研究表明，人们会将这种声音与甜味联系在一起。因此，这里的每一种感官暗示都是根据最新的美食物理学研究挑选出来的，以帮助人们有意识或无意识地感知甜味。相比之下，第一个房间的设计是为了突出鼻子能闻到的清新气息，最后一个"木质"房间的设计是为了提升饮品的口感，让被试回味无穷。

　　在三个晚上的时间里，近 500 人在 10 到 15 人的陪同下，开启了不超过 15 分钟的味觉冒险之旅。一开始，每位参与者都拿到了一杯威士忌，一张记分卡和一支铅笔。他们在每个房间里填写计分卡上相对应的部分。他们被问及这杯威士忌闻起来是否清新，味道是否香甜，以及回味是否醇厚。他们会写下自己有多喜欢这杯威士忌，以及对所处房间的装饰有什么看法。

　　我是那次实验的引导员之一，偷偷告诉你，实验做完我都累瘫了。这是我们首次进行如此大规模的实验，一切会按计划进行吗？还是人们会简单地走走过场，说在这三间屋子里，威士忌的味道明显一样，因为这毕竟是同一种威士忌？

　　研究结果出来后，我们才如释重负，因为我们发现，总体来讲，人们身处草木丛生的房间时，会认为威士忌更清新一些。与此同时，第二个房间果然给威士忌增加了甜味，而最后一个（木质）房间确实突出了威士忌的质感。心理学家总是担心实验中产生所谓的"实验者期望效应"，即实验对象可能会说出他们认为你想听的话，而不告诉你他们真实的体验或想法。

事实上，在"单感官实验"结束时，确实有那么一两个人走近我，对我说了这样的话："我们知道你们在做什么。你们想让我们说这杯威士忌在绿色的房间里喝起来更清新，对吧？所以我们故意说了反话！"

不过，请注意，即使这些存心捣乱的个体也受到了多感官环境的影响（至少在某种程度上是这样的）。关键是，群体分析显示这些人只是极少数。更重要的是，人们最喜欢在木质环境中喝威士忌。因此，用这种科学的方式操控多感官氛围，确实影响了人们对手中饮品的评价。在不同的房间里，人们对威士忌香气、味道和回味的评价会有 10% 至 20% 的上下浮动。

威士忌品鉴专家也会同样受到"单感官实验"的影响吗？这很难说。然而，值得注意的是，无论是威士忌专家，还是葡萄酒爱好者，在盲品时都不一定能做到他们认为（或声称）自己能做到的所有事。也许更重要的是，上述实验已经足够有说服力了，能促使许多厨师、餐馆老板和设计师重新思考，去改变他们提供食品和饮料的方式。例如，在英格兰西北部湖区（Lake District）的一家著名餐厅里，工作人员改用木制托盘为客人提供威士忌，这与他们参加活动时最喜欢的喝威士忌的环境十分相配。

为了把红酒喝出丰富的口感层次，你该听什么音乐？

你觉得什么颜色最能呈现葡萄酒的果香味和新鲜感？你能通过播放甜美或酸涩的音乐来达到同样的效果吗（酸涩的音乐往往非常刺耳，音调高且粗粝，尖锐且不连贯）？让我们在有史以来规模最大的品尝活动——"色彩实验"中找找这些问题的答案。

作为"西班牙街头庆祝活动"（The Streets of Spain' festival）的一部分，超过 3 000 人在伦敦泰晤士（the River Thames）河畔度过了一个异常温暖的五月银行假日（May Bank Holiday）。他们每个人都拿到了一杯装在黑色杯子里的西班牙里奥哈葡萄酒（Spanish Rioja）。人们需要先在常规的白色灯光下对葡萄酒进行评分（以获得基线测量值），然后分别在红色灯光下以及播放着"酸涩"音乐的绿色环境中对葡萄酒进行评分。最后，他们需再次在红色灯光下品尝葡萄酒，但这次会伴随着"甜美"的音乐。

事实又一次证明，当人们从一种视听氛围切换到另一种时，他们对葡萄酒的评分会有 15% 至 20% 的变化。红色的灯光和甜美的音乐（这种音乐非常和谐，虽也是高音调，但既不粗糙也不尖锐，反而平稳流畅）能增强葡萄酒的馥郁果香，而绿色灯光和酸涩的音乐则更能让人们感受到葡萄酒的新鲜度。

虽然以前的美食物理学研究已经证明（尽管规模较小），改变灯光的颜色或者后台播放的音乐可以改变人们对葡萄酒的评价，但在这一实验中我们首次将各种感官信息以一种多感官叠合的方式结合了起来。我们正在寻求所谓的"超加性"效应。

简而言之，我们认为基于各种不同气氛线索的结合之上产生的多重感官效应，要强于简单的各部分相加（即，把光线和声音线索结合起来产生的效果比单独增加光线和声音元素获得的效果要好）。正如我们所期待的那样，声音佐料的加入——红色灯光下的甜美音乐和绿色灯光下的酸涩音乐——的确增强了灯光对葡萄酒味道的影响。

这种多感官实验取得的成果之一，是为环境影响人们感知的观点提供了统计学证据。有时，研究结果还能揭示各种不同感官对这种体验的相对重要性。然而，通常更有说服力的是人们自己感受到的变化。

事实上，我们对来自帝国田园酒庄（Campo Viejo）的酿酒师进行的"色彩实验室"测试给他们留下了非常深刻的印象，以至于他们在离开时表示，一回到西班牙就要重新设计酒窖门的穿行体验。

此外，与我共事的一位葡萄酒作家自己坦言，他最初对这一实验也持怀疑态度，但如今在举办非正式的品酒会时，他会将改变环境灯光作为一种开派对的技巧来使用。所以，下次你在家开了一瓶葡萄酒，却发现它不太合你的口味时，先别忙着换瓶酒，为什么不在此之前试着调换一下音乐或灯光呢？有时候，事情真的很简单（假设葡萄酒没有任何明显缺陷）。现在你在网上买几个遥控变色灯泡几乎不花什么钱。所以真的没借口了，对吧。

如果你想知道什么是酸涩的音乐，你可以听听尼尔斯·奥克兰（Nils Økland）的《地平线》（*Horisont*）。

如果你想听甜美的音乐，那就去找那些叮当作响的高音调钢琴曲吧。我经常选用卡米尔·圣桑（Camille Saint-Saën）创作的《动物嘉年华》组曲（*Carnival of the Animals*）里的《公鸡和母鸡》（*Poules et Coqs*），或者迈克·奥德菲尔德（Mike Oldfield）1973 年发表的唱片《管钟》（*Tubular Bells*）里的第六首和第七首曲目。

如果你想让马尔贝克（Malbec）等红酒的口感层次更为丰富，建议你选择卡尔·奥尔夫（Carl Orff）的《布兰诗歌》（*Carmina Burana*）或者普契尼（Puccini）创作的歌剧《图兰朵》（*Turandot*）第三幕中的《今夜无人入睡》。

葡萄酒装在黑色的品酒杯中（在"色彩实验"中就是如此）时，这些灯光处理都已经足够有效了。可以想象，如果把葡萄酒放在透明的玻璃杯里，效果会更加明显，这种情况下，葡萄酒本身的颜色都可能随着周围光线的变化而变化。不过，在这里你确实需要多加注意，因为如果吃饭时灯光发生了剧烈的变化，食物本身的视觉外观就可能会随之发生改变。正如一位评论家所说："红灯让一切看起来都是红色的；而一盏绿灯则会让肉看起来灰蒙蒙的，像是腐坏了一样。"

当然，就环境灯光的使用而言，不同的人有不同的目标。有些人可能希望让他们的葡萄酒尝起来新鲜，而另一些人可能会好奇哪些特定的颜色或音乐类型能有助于促进健康饮食，例如，他们使用红色灯光的时候能否带来不含卡路里的甜味。

研究表明，环境灯光的颜色可以对用餐者的食欲产生影响。例如，黄色灯光会增加人们的食欲，而红色和蓝色灯光则会降低人们的食欲。当食物的颜色和环境光线的颜色相匹配时，人们的食欲会得到激发，而两种颜色互补时则能抑制食欲。最近在瑞典开展的一项研究所取得的成果也与此相关，该研究发现，正在节食的瑞典男子在蓝色灯光下吃早餐时，吃较少的食物就能产生较强的饱腹感。

用餐环境是怎么影响热量摄入的？

我们都知道实验中发生了什么，但是你有没有想过，如果把餐厅的灯光和音乐调柔和些，营造出一种更加轻松的气氛，你可能会吃得更少呢？好吧，研究人员在哈迪（Hardee）快餐店测试了灯光和音乐的改变对用餐者行为的综合影响。

这家快餐店位于伊利诺伊州（Illinois）的香槟市（Champaign），店内有两个用餐区（是美食物理研究的理想场所）。其中一个用餐区的灯光亮度被调整在正常水平，整体配色很明亮，背景音乐也很大声。而另一边的用餐环境则显得很是轻松：有盆栽植物和绘画，有百叶窗和间接照明。哦,我有没有告诉你这边的桌子上还铺着白色桌布,上面放着蜡烛,甚至还有轻柔的爵士器乐民谣缓缓流淌?那些在气氛轻松的用餐区吃东西的食客认为,他们吃的食物明显更令人愉快,同时他们也吃得更少(他们摄入的热量平均减少了18%,也就是150卡路里)。

用餐环境对我们的影响居然如此之大,餐馆老板显然可以从中得到启发了。事实上,有人认为这正是硬石咖啡厅和好莱坞星球(Planet Hollywood)连锁餐厅没有窗户的原因(就像赌场一样),这么做能让他们对顾客所接触到的环境刺激拥有更大的掌控权。

多感官用餐体验竟能私人定制

时代的车轮滚滚向前,用餐氛围会随之发生怎样的变化呢?最近,有位设计师说:"在我从事餐厅设计的这段短短的时间里,我发现设计肯定已经成了用餐体验的一个重要元素。用餐环境及其独特性正变得和食物本身一样重要,设计师和餐厅老板在如何使用光线、色彩和材料等方面也愈渐老练起来了。"

如果你想一窥餐厅设计的前景,为什么不去看看上海外滩万豪酒店(Marriott Bund hotel)的贡厨餐厅(Goji Kitchen & Bar)呢?随着一天之中的时间变化,这家未来主义餐厅里的装饰也会变化,从而给人以两种完全不同的感觉。这无疑花费不菲,但我们也可以将其看做是一种对装饰和氛围重要性的承认。它证明了"其他一切因素"中的气氛因素在用餐时能发挥重要作用。

在餐厅装饰上要花多少钱真的很难算明白,可一旦你知晓了这对用餐体验的影响有多大,就真的没有回头路了。尽管营造"恰到好处"

的餐厅氛围无疑是个挑战，但同样也要记住下面这点：虽然人们抱有希望，但用餐氛围的影响真的无从避免。

如何为某位或某桌顾客量身定制用餐氛围呢？这真是一个有趣的挑战。目前，能提供高端多感官用餐体验的餐厅要么是设置了单人座（比如上海的紫外光餐厅或伊比沙岛的 Sublimotion 餐厅），要么是为了搭配某道菜干脆把耳机也带到餐桌上（比如肥鸭餐厅的"海洋之声"）。

但据我了解，有些餐馆老板已经在考虑能否在餐桌上安装超定向扬声器，以便为用餐者的食物提供个性化的声音背景。关键是，这样一来，用餐者还不会被其他桌的声音打扰。除了极少数富得流油的餐厅老板，目前这种设想对所有人来说都太过昂贵。然而，展望未来，我完全有理由相信，随着人们对个性化和私人订制产品的日益重视以及技术成本的下降，这将变得更加常见。

鉴于此，肥鸭餐厅最近进行了翻修，给每张桌子上都安装了彩色的 LED 灯。这些灯泡会随用餐者从黑夜到白天再到第二天晚上的美味之旅而微妙地改变颜色。每张桌子上的灯光都会在不同的时间点发生变化。这就是个性化用餐氛围的未来吗？我怀疑这应该只是个开始。

GASTROPHYSICS

第 7 章

用餐即社交

我不知道你们的习惯，可我不喜欢自己一个人出去吃饭。最近，报纸上刊登的一篇充满人情味的故事引起了我的注意。故事的主角是一位名叫哈利·斯科特（Harry Scott）的英国孤寡老人。过去的三年里，他每天都一个人坐在当地的麦当劳餐厅里用餐，有时甚至一天去两次。自从妻子去世后，就再也无人与之分享餐食了，这真是个闻者伤心的故事。因此，在他93岁生日到来之际，位于坎布里亚郡（Cumbria）沃金顿（Workington）市的麦当劳餐厅工作人员为这位老人举办了一场生日宴会。不得不说，从报纸上刊登的照片来看，哈利的身体状况比我们预想的好多了。

虽然这只是个例，但我认为它反映出了社会现状。事实上，独自吃饭的人越来越多了（图7.1）。最近，英国的一项调查显示，如今人们单独吃饭的次数几乎达到了总用餐次数的一半，超过四分之一的人独自吃饭的次数比和同事一起吃饭的次数还多。

更糟糕的是，大多数日子里，许多人连吃正餐都是一个人：也许是独自在办公桌前吃午饭，也许是一顿微波餐，也许在汽车餐厅里随便吃点。鉴于这些数据会因文化和年龄的差别而有所不同，那为什么不默默算一下你上周单独吃了多少顿饭，看看自己是否会逆潮流而行呢？

你可能要问了，我们为什么要关注这种饮食行为的变化，而不去关注它背后的东西，即当今社会中日益常见的社交孤立现象呢？我们的同伴和我们的饮食体验之间，或者说和这本书的主题——美食物理学之间有什么关系呢？

并非所有人都认为我们应该为此担心，内尔·弗里泽尔（Nell Frizzell）就在《卫报》上写道："就像生活中的其他乐事一样，一个人吃饭是件单手就能完成的小事，哪怕你仰面躺着，只穿一件旧套衫，

图 7.1　独自用餐—— 一个日益常见的社会问题

只要你开心就好。这并不孤独，也不讨厌，更不绝望：这是对生存的庆祝。这让我们活着——就这么简单。"

对于这种观点，我实在不敢苟同。我们稍后会看到，很多证据表明，独自用餐会对人们的身心健康产生负面影响。有科学家以超过 18 万名青少年儿童为研究对象开展了 17 项不同的研究，最近基于上述研究的统合分析显示，定期与家人共进晚餐，能将青少年超重的概率降低 12%，能将他们吃健康食品的概率提高近 25%。

作为一名美食物理学家，我同意美国心理学家哈里·哈洛（Harry Harlow）的观点。20 世纪 30 年代时，哈洛曾这样说过："和朋友一起吃饭时，饭菜的味道会变得更好。"美食物理学提供了一个建设性的框架，我们可以试着从中为日益严峻的独自用餐问题寻找解决方案。

"单身狗"的饮食悲哀

毫无疑问，这与独居的人数比以往任何时候都多有关。现如今，人们结婚晚了，离婚率上升了，独居的时间更长了。而另一个重要的因素就是我们不断变化的饮食习惯。首先，现在的家庭聚餐比以往少多了。你最后一次邀请别人到你家吃饭是什么时候呢？最近的一项调查结果显示，近 78% 的英国人表示再也不准备邀请朋友们来家里吃饭了。当被问及原因时，人们给出的答案经常是他们变得越来越忙了，他们发现从头开始准备食物实在是一件苦差事。

事实上，人们花在做饭上的平均时间，从 1960 年的 1 小时左右下降到了今天的 34 分钟。所有这一切都意味着，现在，我们中有三分之一的人会整整一周都是独自一个人吃饭。

独自吃饭真的坏处多多！一方面，那些独自吃饭的人往往饮食习惯较差。例如，对于独自吃饭和居住的男性而言，体重不正常的比例较高。这里会出现两个极端：一种是过度肥胖，一种是体重不足或饮食习惯不健康，如水果和蔬菜摄入量不足。独自用餐的人可能会感到孤独，这不就是司空见惯的问题么？

许多老年人发现，自己在住院或接受长期护理过程中都难逃营养不足的魔爪，而他们常常只能自己一个人吃饭，这又会让情况变得更糟。一切能把社交元素抓回日常饮食中的尝试，都可能会有助于改善上述弱势群体的营养状况。例如，在美国开展的几项研究表明，鼓励住院的老年患者在吃饭时多与看护人员进行更积极的人际交往，他们就能吃下更多食物。

那些过着形单影只的生活、经常独自吃饭的人，往往会比那些跟别人一起生活和吃饭的人浪费掉更多食物。而超市里日常售卖的食物分量又都偏大，丝毫没有照顾到独居者的需求，这又加剧了食物浪费问题。英国政府 2013 年所做的一项调查指出，独居者扔掉的食物比结伴而居者多出了 40%。

为什么戒掉视频配饭，能帮你燃烧卡路里？

餐饮活动的社交性减弱，并不应只归咎于越来越多的人出于各种原因开始独自用餐。科学技术也推波助澜了。你是不是经常边吃饭边看电视呢？你是不是经常发现自己一手拿着叉子、勺子或筷子，一手拿着智能手机呢？即便是我们这些端坐在餐桌旁的人，也经常被电视节目勾去心神，或分心去摆弄手机。

事实上，据统计，近一半的人会在吃饭的时候看电视，甚至还有许多人会和同伴分别窝在各自的房间看电视！ 2013 年时，位于西班牙的赛弗乔治酒吧（Salve Jorge）想出了专治"聚会玩手机"的好方法。他们推出了"离线酒杯"，这种啤酒杯的底部只有一侧有脚，另一侧需要用顾客的手机垫着才不会倒。他们的想法是，强制使顾客和手机分离，有望让人们在外出喝酒时多跟朋友聊聊天。

我敢肯定，我们都见过那些缺乏浪漫细胞的情侣在一起吃饭的场景，他们彼此不说话，却都全神贯注地盯着手机屏幕。这简直是两个人相约独自吃饭！当然了，有时候两个不玩手机的人之间也没啥好谈的。

位于纽约北部美国烹饪学院（Culinary Institute of America）校园里的博古斯餐厅，提出了一个解决上述问题的办法。那里的每张餐桌上都摆着一个装满了卡片的盒子，每张卡片上都会提出一个烹饪问题或写着一个笑话。它们为什么在那里？正常来说，这肯定不是你在一家高档餐厅里该看到的东西，对吗？

我最后一次去这家餐厅的时候，提出了我的上述疑问。学院负责人告诉我说，这些小游戏的推出是有策略的，为的是帮那些无话可说的情侣打破沉默。他们希望这些卡片能让用餐者的心情好转，从而提高他们用餐的愉悦感。这是另一款"心情除味点心"的例证，就像我们之前看到的塑料奶牛一样。

边看电视边吃饭会让你越吃越多，这简直糟糕透了。研究发现，人们在开着电视时多吃 15% 的食物都不出奇。尽管如此，也不是所有电视节目都能在同等程度上致使人们腰围增加。这似乎取决于这档电视节目有多吸引人，以及我们以前是否看过它。例如，迪克·史蒂文森（Dick Stevenson）和他澳大利亚的同事发现，两次观看同一集《老友记》（Friends）的女性明显比一次观看不同剧集的女性吃的东西多。

一般而言，我们察觉到越多与食物相关的感官线索，我们就会吃得越少。因此，当我们的注意力被电视或手机分散时，危险就在来了：我们不会再注意到那些与食物有关的刺激，我们迟迟没有意识到自己已经吃饱了，结果就吃了更多东西。当然了，吃东西时别看电视还有其他原因，正如这条严肃的建议所说："吃饭时间是孩子与父母交流的黄金时间，因此，如果可以的话，请关掉手机和电视，保证你的用餐时间不受外界干扰。"

我有几个同事（不得不说，主要是厨师）说他们有时候（这里提醒一下，只是有时候）更喜欢一个人吃饭。为什么呢？因为这能让他们真正专注于盘子里的食物（比如，味道的融合与口感的反差）。如果他们准备去一个网红美食打卡地就餐，他们宁可选择独自前往，也不愿为谈话而分心。

那次我一个人去肥鸭餐厅吃饭时，也许就该拿这句话当挡箭牌的。请叫我"不浪漫先生"，我甚至没有意识到那天是情人节！接下来的场面自不必说了，从那以后，每当这个话题出现时，赫斯顿总喜欢拿它来取笑我。

我也和其他人一样，怀疑无论食物多么美味，独自用餐都不如和别人一起用餐那么愉快。毕竟，与人分享美食美酒的趣味无穷。食物越美味，红酒越香醇，你就越想分享它们。从某种程度上说，我们与别人一起吃饭时的心情可能会比自己一个人独坐的时候要好。我敢肯定，有人陪伴时，食物和饮料的味道确实会更好（至少和喜欢的人在一起时会如此）。有趣的是，剧烈的情绪波动会引起味觉和嗅觉的显著变化。我们对食物和饮品的感情反应也会受到影响。毕竟，谁在和伴侣吵架时还觉得饭菜美味可口呢？

大家一起吃饭是一种普遍的人文现象，考古记录中载明，有关宴饮的证据可以追溯至 12 000 多年前。而且，没有什么比一起吃饭更能表达深情厚谊（companionship）了——"companionship"一词就衍生于拉丁语的"cum"（在一起）加上"panis"（面包）。

卡罗琳·斯蒂尔（Carolyn Steel）在她的著作《饥饿之城》（*Hungry City*）中指出："我们天生就会亲近那些与我们分享食物的人，并将那些与我们饮食结构不同的人视为异类。"她还从奥斯卡·王尔德（Oscar Wilde）的作品——《一个无足轻重的女人》（*A Woman of No Importance*）中引用了一句妙语："美餐一顿后，一个人可以原谅任何人，甚至是自己的亲人。"最新研究表明，与人一起吃饭还可以增加亲和力——这又为美食社交学提供了一个全新的视角。

我在牛津大学的同僚，心理学教授罗宾·邓巴（Robin Dunbar）先生说："与人一起吃饭会激活大脑中的内啡肽系统，而内啡肽在人类的社交方面扮演着重要的角色。花点时间坐下来跟别人一起吃顿饭，有助于建立社交网络，这反过来又会对我们的身心健康、幸福感、满足感，甚至是人生目标感产生深远影响。"

最近的统计数据显示，约有70%的人从未与邻居一起吃过饭，更有20%的人承认，他们已经有半年多没和父母一起吃饭了，这真让人揪心。永远不要忘记："餐桌就是最初的社交网络。"美食物理学研究表明，与同伴共进晚餐会明显影响到我们的食量。我们吃得多与少，取决于和谁一起吃，以及我们有多想给对方留下深刻印象。

实验室条件下和自然条件下的饮食研究结果都表明，与独自用餐相比，我们与别人一起吃饭时通常会吃得更多。而比起和不太熟悉的人在一起，我们与朋友和家人吃饭时，饭量的增加会更明显。男同胞尤其不喜欢自个儿在餐厅吃饭，他们更喜欢热热闹闹地聚餐。这种社交聚餐中食量的增长，在一定程度上可能与聚餐持续的时间偏长有关。

　　但如果我们想给同桌的人留下深刻印象（或者他们令我们感到紧张），就可能会吃得更少。当我们身边的人都不怎么吃东西时，我们也倾向于比平时吃得少。值得注意的是，这种社交活动影响食量的现象，在那些已经 24 小时没进食的研究对象身上同样会出现。

　　下次你出去吃饭时，一定要记住以下几点。与别人一起吃饭时，最大的问题在于你首先点餐的可能性会降低。这很重要，因为那些先点餐的人通常比后点餐的人更喜欢他们的食物和饮料。后者常常会觉得他们应该选择一些不同的东西，因此，他们的用餐愉悦度可能就不如自己先点餐时高。鉴于在男女混搭的饭局上，人们倾向于让女性先点餐，这可能意味着她们一般比同桌的男性更喜欢自己的饭菜。

　　正如我们在第 4 章中所看到的，近年来，有许多人一直在抱怨餐厅和酒吧太吵了，以至于他们根本听不到自己心中所想，更别说用心品尝美食了。如同一位评论家所说："下馆子本来是为了社交。可如今，你连别人说了什么都无法听到。"

　　我们在前文中已经看到，人们应对这一问题的方式走向了另一个极端，即引入无声晚餐，不允许就餐者讲话。然而，从根本上讲，吃饭是一种社交活动，我认为无声晚餐一直无法取得成功的原因就在于此。戴上耳塞以隔绝噪声，或者戴上耳机来播放菜品特定背景音乐的方法，对一道菜来说很奏效，可一旦超过这个数字，这顿饭的社交乐趣就会被大大削弱。

　　请注意，虽然所有那些让顾客在黑暗中用餐的餐厅也会消除用餐者的视觉体验，但黑暗不会对吃饭的社交性产生影响。这是在黑暗中用餐与在沉默中用餐的关键区别。如果非要说在黑暗中用餐有什么不同的话，那就是灯熄灭时，就餐者可谈的话题更多了——例如，比一比他们谁更能确定自己在吃的是什么。

揭秘一人火锅店为什么这么火

如果你看到有人独自用餐，可能会觉得他们看起来有点可怜，就像是社会的弃儿。"难道他们没有朋友吗？"你可能会这么想。然而，这种刻板的印象正在逐渐淡化。越来越多的人选择独自外出用餐；截至 2015 年，独自用餐的人数在两年内增加了一倍多。事实上，在英国餐厅里，一人餐的订餐数量增长最快。那么这些独自用餐的人在等着上菜的时候会进行些什么娱乐呢？最近的一项调查显示，46% 的人声称他们会通过读书来打发时间，而 36% 的人会选择玩手机。

下面这段话很好地体现了这种态度变化。在一篇有关独自用餐的文章发表后，有人给英国广播公司写信说："犹记得，几年前，我还认为一个人出去吃饭的想法简直没有生存空间。我会狭隘地认为独自用餐的人肯定既孤独又悲伤。但现在，我经常一个人出去吃饭，有时候，我甚至觉得和别人一起吃饭还不如自己一个人。在我看来，有一样东西对于促成这种变化功不可没——那就是智能手机。我想，独自用餐的人真的不再是孤零零一个人了。"

有些人甚至认为那些在公共场合独自用餐的是自信的成功人士，他们在好好享受自己辛勤耕耘得到的回报，比如非常固执己见的美食评论家杰伊·雷纳（Jay Rayner）就曾说过："我才不怕别人以为我是个悲伤的可怜虫呢……独自吃饭就像与自己深爱的人共进晚餐一样美妙。"

这种态度转变可能也与这样一个事实有关：如今越来越多的用餐者会在博客或其他社交媒体上分享他们的美食照片及每一个用餐细节。汤博乐（Tumblr）上甚至有一组照片名为"灯光昏暗的一人份晚餐"。这种新趋势与我们和手机的联系日益紧密息息相关，且正变得越来越有吸引力。有些人说，我们简直就是在和手机"谈恋爱"。同时，还有些人喜欢用 MP3 播放器和包耳式降噪耳机将自己隔离起来。

　　许多具有前瞻性思维的餐厅老板把这种不断变化的人口结构看成是一次营销机会，圣地亚哥（San Diego）市场之巅餐厅（Top of the Market Restaurant）的行政总厨伊凡·弗劳尔斯（Ivan Flowers）就是如此。餐厅管理者专程把他请来，以期吸引更多的单独就餐者。

　　"他们认为，虽然餐厅已经在开放式厨房前面设置了吧台座位，但由于厨师与顾客之间的互动不够充分，这些座位没有得到充分利用。"弗劳尔斯继续说道："独自前来的客人可以坐在厨房边上'观看一场表演'，其中会有厨艺展示、免费品尝以及与厨师交谈等环节。"现在，有些报纸甚至在餐馆评论板块中推荐单身食客到这家餐厅来。

　　阿姆斯特丹突然出现了一家小餐馆——Eenmaal，这里只提供单人桌。谁能想到这样一家餐厅，刚开业一年就被预订满了呢？因此，这家餐厅的股东目前正计划顺水推舟地拓展业务，把他们的分店开到伦敦、柏林、纽约、安特卫普等地去。该项目的设计师玛丽娜·范·古尔（Marina van Goor）说："我注意到，在我们的社会中，公共场所里并没有给人留下独处的空间，除了上厕所。"

　　我怀疑，改变餐厅格局使之只迎合个人用餐者的需求，将永远只是一种利基①产品，毕竟我们还是在与别人一起吃饭时对用餐体验的评价更高。可即便如此，餐厅老板们依然可以"八仙过海各显神通"，想出各种妙招，使自己餐厅提供的服务适应我们饮食习惯的变化。

---

①利基是指针对企业优势细分出来的市场，这个市场不大，且市场主体的需求没有被满足。——译者注

大食堂的回忆杀

尽管独自用餐的人越来越多，但对餐厅菜单的语言学统计分析显示，使用共享词汇的人明显增多了。如今，人们更有可能看到熟食拼盘、塔帕斯（餐前供应的各种西班牙小吃）和小吃拼盘之类的东西出现在菜单上。请注意，以上所有菜肴都是为分享而设计的。它们也都算不得正餐——这是当下餐厅里的另一种流行趋势。例如，在牛津的顶级美食酒吧莫得林阿姆斯（Magdalen Arms）中，菜单上的许多菜都是供两个人、三个人、四个人甚至五个人一起吃的。

接下来，是品尝套餐的兴起——许多小盘子里盛着厨师精选的菜肴。多半情况下，餐桌上的每个人都会同意点这些。作为一名美食物理学家，如果餐馆老板想让顾客就座的话，我会建议他们给顾客安排一张圆桌，因为坐在圆桌旁比坐在方桌旁更让人有归属感。相比之下，那些坐在方桌旁的人在群体中往往表现出更自私的特点。突然之间，中国的宴会总是围着圆桌举行的事实，就变得更加顺理成章了。再往前追溯，千万别忘了亚瑟王（King Arthur）和他的圆桌骑士（Knights of the Round Table）。

给用餐者安排方形餐桌的主要原因，就是为了在特定空间里容纳尽可能多的人。也就是说，尽管坐在圆桌旁无疑是最民主的解决方案，可如果桌子太大了，和对面的人交谈起来会十分不便。

如今，餐馆老板想让你分享的可不仅仅是盘子。你可能碰巧接触过公共食堂或非正式用餐的概念。在这些地方，每个人都坐在一张又大又长的桌子旁。这是拉面道（Wagamama）及布萨巴食泰（Busaba

Eathai）等餐厅的特色（这两家餐厅都是餐饮界大佬丘德威[1]投资成功的范本）。疼痛指数连锁餐厅（The Pain Quotidiens）的格局也大致与此相同。从某种意义上说，选择经常光顾此类餐饮店的食客，都是在与陌生人同桌——尽管常言道，"世界上没有陌生人，有的只是我们未曾谋面的朋友罢了。"

在这里，坐在你旁边的人与你之间的身体距离，很可能和其他热门餐厅一样，因为那些餐厅会把两人桌紧紧地靠在长软座上。但我仍然相信，坐在同一张长桌旁"被联系起来"与因环境拥挤而被迫靠近，还是会有一些本质上的不同。事实上，我能预感到，为弄清事情的真相，一项新的美食物理实验即将到来！当我们和许多陌生人一同挤在一张长桌上用餐时，我们会多享受这种体验呢？和往常一样，这里肯定还需要做更多研究。

"共享晚餐"：如何让一顿饭变得更有爱？

只要仔细想想，你就会发现在公共场所和陌生人近距离吃饭有多奇怪。例如，如果一位有着其他文化背景的访客来到我们 21 世纪的西方世界，他会如何看待外出用餐现象中的社会性因素呢？也许他的看法会趋同于秘鲁（Peruvian）旅行家安东尼·罗斯尼（Antoine Rosny）（尽管只听名字你会感觉他像法国人）。安东尼描述了他于 19 世纪初首次参观一家巴黎餐厅的经历（当然了，这只是早期的餐厅）：

---

①丘德威（Alan Yau），客家人，出生于香港新界，餐饮业者，1992 年创建了非常成功的日式快餐连锁店 Wagamama。——译者注

一进餐厅，我就惊奇地发现有许多桌子并排摆着，这让我觉得我们在等一大群人，或者觉得可能要在主人桌上吃饭。但最令我惊讶的是，我看到人们进来时彼此没有打招呼，他们似乎并不认识。他们各自坐下，彼此没有任何眼神交流，各自吃饭，彼此也不说话，甚至没有人主动分享他们的食物。

印度尼西亚艺术家梅拉·杰斯玛（Mella Jaarsma）创作了一幅有趣的行为艺术作品，探讨了与人共享美餐的意义（图7.2）。她邀请了几名普通市民（二至六人不等）戴上围兜，围兜上悬挂着一张平坦的桌面。用餐者两两配对，双双点餐，然后互相喂食。这种亲昵的行为催生了真正意义上共享餐。还要注意这张可穿戴的餐桌是如何将用餐者（表演者）暂时捆绑在一起的，他们共同创建了一个相互支撑的就餐桌面。（不过我确实担心，当一位用餐者需要上厕所时会发生什么！）

图7.2 《你吃我，我吃你》行为艺术作品（2001–12）

　　一位参与者的感言很有趣:"在表演梅拉·杰斯玛的作品时,我经历了成年后第一次喂别人吃东西和被别人喂食的体验。……在整个用餐过程中,一个不变的因素始终存在——喂食和被喂食的仪式阐明了权力关系……亲近我们可以亲近的人会让我们变得宽宏大量;我们希望在艺术之外,这种情景也能经常发生。"

　　荷兰艺术家马瑞吉·弗洁伦(Marije Vogelzang)创作了一幅名为《共享晚餐》(*Sharing Dinner*)的作品,在这幅作品中,大幅布料把用餐者联系了起来。在这个有着惊人视觉效果的装置中,巨大的白色桌子从天花板上悬挂下来,用餐者的头和手臂从桌布的缝隙中伸出来(图 7.3)。这位艺术家说:

　　　　我用了一张铺着桌布的桌子,但我没把桌布放在桌子上,我把它划了几个口子以后悬在空中了。这样一来,就能保证参与者的头在餐桌的空间里,而身体却在空间外。这将每个人的身体联系了起来:如果我扯一扯这边的桌布,你在那边也能感觉到。而将每个人的衣服都盖住也创造出一种平等感。起初我还担心人们会拒绝这种体验,尤其是参与者事先都不认识,但实际上,这增加了他们相互联系的欲望,并带来了"大家在一起"的感觉。

　　弗洁伦同时也鼓励大家相互分享食物。她会把一块蜜瓜分成两份放在盘子里递给一个人,同时用相同的盘子盛上火腿,递给这个人对面的人。这使得参与者们(他们中的许多人并不认识彼此)很自然地与人分享自己的食物,做出经典组合。

图 7.3　食物设计师马瑞吉·弗洁伦创作的《共享晚餐》（东京，2008 年）

高科技聚餐：从"电话饭局"到"陪我吃"App

许多人都很幸运，吃饭时能有家人陪伴，但有时我们还是会因出差等情况出门在外，结果很容易就错过了餐桌旁的家庭团聚时间。事实上，在人机交互领域钻研的研究人员发现，这俨然成为了一个日益严重的问题。他们已经开始探索能否用技术手段将那些天各一方的人们重新联系起来，以便人们分享有意义的虚拟用餐体验。因此，"远程通信聚餐"的想法应运而生——你就全当它是"电话饭局"，即一边吃饭一边用网络电话聊天。

尽管这无疑是一个很有趣的想法，但要真想在这一领域成功施加技术干预，需应对诸多挑战。例如，如果进行远程聚餐的人吃着不同的食物，会发生什么情况？这会妨碍他们建立"连接"吗？而另一个重要问题是，如何能使这种虚拟共享用餐体验更有沉浸感和吸引力？

一位参加了初级远程通信晚宴的客人说："我压根儿没觉得自己在和他们分享美食。这感觉就像是我们自己在一个房间，而他们在另一个房间吃饭。我们完全没有共进晚餐的感觉。"未来的体验设计师绝对不想听到这些话。在大家一起吃饭的过程中，各个用餐者的行为是紧密同步的（尽管他们本无意识的），而在远程复制这种精确协调的动作编排过程中，网络延迟可能会耽搁来自另一端的信号，这反而有可能瓦解聚餐活动的社会性。

我大概可以想象出这种技术解决方案在某些极端情况下非常有价值，比如说，一个去火星执行长期太空任务的宇航员想要和地球上的家人联系。然而，作为一个实实在在的地球人，我真的无法对远程通信聚餐的想法抱有一丝热情，即便它运行稳定（各参与者之间能够即时同步信息）。相反，我倾向于把赌注押在另一种技术创新上。

我想到了过去几年里推出的各种餐品分享应用程序。只需支付一小笔费用，这些应用程序就能让那些独在异乡的人与当地人在当地的民居里用餐；这可是真真切切地在与人一起吃饭，只不过不是与自己的家人在一起罢了。提供这种服务的各个网站都能给人以不同的感觉，因此，总会有些东西能满足不同顾客的个性化需求——如果目前还没有，那保证很快就会有啦！

美国网站"陪我吃"（EatWith）的感觉就像是一个晚餐俱乐部，而总部位于英国的 VizEat 则侧重于创造与当地人一起吃饭的机会，强调通过吃饭来品味一种文化。VizEat 的联合创始人卡米尔·鲁玛尼（Camille Rumani）表示，该网站成立（2014 年 7 月）几年来，已在

115 个国家吸引了逾 17 万本地家庭的加入。

我们或许都该问问自己，这种餐饮分享应用程序是否会彻底改变我们的外出就餐方式，就像爱彼迎（Airbnb）改变了我们的旅行居住方式、优步（Uber）改变了我们的交通出行方式一样。请注意，一款名为"即时送餐"（UberEats）的应用程序最近在美国各大城市推出，它承诺"数百家餐厅美味一触即达，方便快捷有如乘车"。

市场信息咨询机构欧睿国际（Euromonitor International）的数据显示，"点对点就餐"将成为 2015 年的一大趋势。在这种方式下，厨师和用餐者可以直接互动，略去餐厅（连锁店）等中间环节——只要想想那些开始在自己家做菜的厨师，就知道这是大势所趋了。

不过在我看来，迄今为止最大的潜在市场还是那些虽然没有离开自己家，但依旧没人与之一起用餐的人。最近一家名为餐桌人（Tablecrowd）的初创公司通过把吃饭和社交网络相结合的方式，将这一群体联系了起来；而另一家名为 Tabl 的公司，则致力于在英格兰南部举办精心策划的社交晚宴。

与别人一起吃饭是一种原始的冲动，所以下次等你饿了的时候，为什么不邀请别人一起吃饭呢？最有可能的结果，就是你与人共度了一段比自己独处更美妙的时光。友情提醒：如果你想获得最愉快的用餐体验，请记得先点餐！

GASTROPHYSICS

第 8 章

怎样让飞机餐抓住乘客的胃？

那是 2014 年的某次空中旅行，我第一次开始思考飞机上的餐食。那时我刚换乘了一趟长途航班，可我的笔记本电脑已经没电了，于是我就一直看着客舱乘务员推着饮料车慢慢地朝飞机尾部走去。就在那时，我突然想到，会有多少人在飞机上点一杯含有番茄汁的饮料呢？

如今，虽然在地面上你可能会看到有人点血腥玛丽（Bloody Mary），但这种情况确实非常罕见，至少在我的活动范围内是这样。然而，在云层之上，看着各种饮料飞出手推车，我真觉得大约每四份订单中就有一份是番茄汁。那么，飞机上提供的红色水果（或者是蔬菜？）到底有什么特别之处呢？从飞机饮料车中获取的灵感会如何促进航空食品的重大革新呢？

好吧，其实你不应该现在就相信我的话。在做进一步研究前，我们需要检验一下观察结果的准确性。幸运的是，我的直觉是正确的：在飞机上，乘客点的番茄汁数量占了总数的 27%。更重要的是，有部分乘客经常从空姐或空少那里订购番茄汁，可他们在地面上活动时却从不会这么做。一项针对一千多名乘客开展的调查显示，有 23% 的人都属于这种情况。那么，到底发生了什么呢？在回答这个问题之前，让我们先快速回顾一下飞机餐的历史。

因为面包卷太好吃，北欧航空竟被罚款 20 000 美元？

飞机餐并不总是差强人意的。在民航刚刚兴起时，航空公司会为那些有能力支付机票的有钱人提供很多好吃的。信不信由你，以前，航空公司会在他们提供的食物品质上一争高下，只要乘客想要，他们就可以提供烤肉、龙虾、牛肋排等美食（图 8.1）。这也许有助于解释为什么伦敦东部肖尔迪奇区（Shoreditch）出现的一家供应 BA2012 航班上飞机餐的餐厅会取得成功。

图 8.1　曾经的飞机餐！"女士，您今天想要几只龙虾？"乘客们正在享用新鲜的挪威龙虾（壳都没剥呢）。注意，开胃酒还放冰块呢！

　　霍克斯顿（Hoxton）的潮人可以去品尝一份含有三道菜的套餐，其灵感源自于该航空公司 1948 年的头等舱菜单。可现在的航空食品已经没有这么大的吸引力了（图 8.2）。

　　然而到 1952 年时，随着经济舱的引入及乘客数量激增带来的大规模经济需求，一切都变了。国际航空运输协会（IATA）也没能帮上什么忙。实际上，他们出台了一些指导方针，对飞机上可提供的食物进行了限制性规定，至少在经济舱是这样。在遭到竞争对手泛美航空（Pan Am）的投诉后，北欧航空（Scandinavian Airlines）甚至被罚款 2 万美元，原因是该公司向横跨大西洋的乘客提供的面包卷太好吃了。然而，最近几年，航空公司用于食品供应的钱（按实值计算）无

图 8.2　20 世纪 50 年代，一趟在曼谷经停、由哥本哈根飞往新加坡的航班上，航空公司提供了一份令人印象深刻的法式菜单

疑越来越少了，这还是在假设有飞机餐供应的情况下。

曾几何时，当飞机那本就不可靠的引擎失灵时，食物几乎是乘客唯一的慰藉，能让他们不去想自己可能一命呜呼。因此，食物的品质特别重要，毕竟除了欣赏窗外的景色，就没有什么别的事能分散乘客们的注意力了。然而到了如今，一切都变了。首先，谢天谢地，搭乘飞机比以往任何时候都安全了。更重要的是，只需按一下按钮，乘客就可以享受到各种娱乐活动。

请注意，在 35 000 英尺的高空，机舱的大气环境并不适合制作高级料理。空气压力降低，湿度不足（别忘了，舱内空气每 2 ～ 3 分钟就会循环一次），真的不利于乘客品尝美食。在这一高度抽样检验时，人们发现食物和饮料的香味会损失 30% 左右。意识到这些问题后，很多航空公司会在模拟高空大气环境的条件下测试他们的菜单。亲爱的读者，你们能明白我的意思吗？例如，在德国的弗劳恩霍夫研究所（Fraunhofer Institute），半架旧空客（Airbus）飞机被扔进了低压舱内，航空公司在那里测试乘客对他们想要提供的飞机餐的反应。

然而，航空公司往往会选择在他们提供的食物中添加更多的糖和盐，以增强食物的味道。因此，航空公司提供的食物不健康也就不足为奇了。事实上，据估计，从办理登机手续到抵达目的地这段时间内，英国人摄入的热量会超过 3 400 卡路里。

多年来，航空公司一直在征求厨师们意见，以期提高飞机餐的品质。联合航空运输公司（Union de Transports Aériens，法国航空公司的前身）曾请来法国厨师雷蒙德·奥利弗（Raymond Oliver）为其建言献策。他的建议从根本上改变了空中餐食，并很快确立了许多人现已习以为常的飞机餐标准。现如今许多航班经济舱提供的鸡肉或鱼肉餐都源自于这位大厨最初的建议。例如，奥利弗曾建议航空公司为乘客提供他们熟悉的食物，哪怕东西不是十分好吃，至少也能让乘客安心。

他一直在寻觅既容易准备又不易消化的丰盛餐食，这样一来，飞机着陆前，乘客们就不会再觉得肚子饿了。同时，这些食物在重新加热后也不应滋味全无。于是厨师的建议是：红酒焖鸡、法式红酒炖牛肉和奶油浇汁牛仔肉。（那毕竟是 1973 年！）这些菜肴还有一个优势：肉浸在酱汁里，在飞机上加热也不会太干。

番茄汁是怎么上位变成美食的？

如今，航空公司请厨师来为其改善食品供应已很常见。甚至有很多公司会聘请知名厨师来为他们的飞机餐增色，例如，澳大利亚的尼尔·佩里（Neil Perry）与澳洲航空合作，赫斯顿·布鲁门撒尔与英国航空合作，已故的杰出厨师查理·特罗特（Charlie Trotter）曾为美国联合航空提供咨询。（特罗特的建议是牛小排配泰式烧烤酱。在高空用餐时，添加香料和酱汁都是不错的选择。）法国航空能选择的优秀厨师就更多了，他们会定期轮换自己的合作伙伴。

据我猜测，要不是因为这些知名厨师的名字出现在菜单卡上，即便是头等舱的乘客也完全想不到这些业界大牛参与设计了他们正在享用的菜肴。当然，我没看到任何证据证明厨师的参与能显著提高乘客对飞机餐的满意度。或许更能说明问题的是，那些向顶级厨师寻求建议的航空公司，似乎不再频繁地出现在年度十佳航空食品排行榜上。

无论一位厨师是米其林几星级大厨，他们所做的食物在空中尝起来，永远不如在地面的旗舰店里尝起来那么美味。尽管如此，许多商务舱旅客依然很赞赏这种从老式固定配餐服务到放牧式配餐的变化，因为这能让他们想吃什么就吃什么，想吃多少就吃多少，而且食物随叫随到。

前文提及，我们对食物和饮料的评价很大程度上取决于我们所处的环境，航空食品也不例外。阻碍航空食品品质提升的另一个重大障碍与多家航空公司业已签订的长期餐饮合同有关。因此，即便航空公司或航空公司聘请的厨师有心改变食品供应，在实践中也会困难重重。

如今，一些航空公司背后的餐饮供应商开始聘请富有创意的厨师为他们提供建议。然而，这里的更根本性问题是，厨师钻研的领域一般仅限于食材、食谱及食物制作。正如我们即将看到的，任何只关注食物的解决方案就只能帮你到这儿了。是时候引入美食物理学的观点了。

让我们说回到饮料！一旦飞机达到平飞高度，乘客的耳朵就会暴露在 80 ~ 85 分贝的背景噪声中，当然这主要取决于他们离引擎有多近。这种噪声会抑制我们的味觉。然而，这并不能在同一程度上影响我们对各种食物的感知。

番茄汁和伍斯特（Worcestershire）沙司（两者都是血腥玛丽的原料）的特别之处在于它们都有鲜味。这是一种源自蛋白质的味道，以味精或谷氨酸钠的鲜味最纯。它在东亚菜系中一直很受欢迎（例如，这个词在日本会被翻译成"美味的""可口的"或"好吃的"），但最近世界上很多其他地区的厨师也开始对它感兴趣了。在西方，你可能会遇到的鲜味十足的食物有帕尔马干酪、蘑菇、凤尾鱼和番茄。这是否有助于解释为什么许多人会在飞机上点一杯用番茄汁打底的饮料呢？

2015 年，康奈尔大学开始研究飞机噪声对人们品尝鲜味能力的影响。坐在实验室里的参与者需要对一系列透明饮品的味觉感知强度进行评估，这些饮品在三种不同浓度下呈现了五种基本味道，其中每杯饮品只呈现某种特定浓度下的一种味道。每杯溶液都会在安静的环境中被品尝，但参与者同时要在真实分贝的水平上听预先录制的飞机噪声。

有趣的是，当背景噪声增大时，参与者对鲜味溶液的感知强度明显更高。相比之下，参与者对甜味的感知被抑制，对咸味、酸味和苦味的感知则不受影响。鉴于上述结果，2013年时英国航空公司在其航班上推出鲜味餐食的决定就变得更有意义了。

但是，为什么噪声会影响人们对一些味道的感知，而不会影响另一些味道呢？一个有趣的说法是，我们对不同味道的反应会随着我们的压力的变化而变化——这可能正是许多乘客在飞行时的感受，在航班颠簸时尤为如此。例如，一项年代比较久远的研究证明，在噪声诱发压力的情况下，甜甜的（而非咸咸的）液体更令人愉悦。

为解释这一令人惊讶的结果，有人提出了以下观点：远古时代，各种突发状况会给人类带来生存压力，而甜味所代表的能量恰好是人们在应对危机时最需要的东西。这种进化论的观点大概也能解释人们在嘈杂环境下对鲜味的感知能力为什么会增强。因为像甜味一样，鲜味也是一种与营养成分有关的调味剂，它也能发出蛋白质可能存在的信号。可无论正确的解释是什么，这里的关键点依然是噪声通常会抑制甜味，有时还会抑制咸味，但同时会增强鲜味。

给人们适当的食物来品尝，而不仅仅是让其啜摸纯调味剂溶液时，会发生什么呢？好吧，播放响亮的白噪声[①]——想想未调好的收音机发出的"嗞嗞"声——会导致薯片、饼干和奶酪等各种零食的甜味和咸味被抑制。但有些奇怪的是，当调大背景噪声时（与安静状态相比），人们会觉得这些零食变得更脆了。

也许，航空公司应该考虑为他们提供的食物配上嘎吱声，并使其口感更为酥脆。这也许能在改善食物新鲜度和口感方面发挥额外

①白噪声是指功率谱密度在整个频域内均匀分布的噪声，一般可用于遮蔽繁杂的声音。——译者注

优势。事实上，在飞机上为乘客提供一碗新鲜水果（一些航空公司会为商务舱的乘客准备这些）是个好主意的原因就在于此。在沙拉上撒些芝麻以增加咀嚼感，可比聘请世界顶级厨师要便宜得多。

　　尽管听起来有些匪夷所思，但要让食物和饮料在高空尝起来更美味，最简单的方法可能是戴上一副降噪耳机。假设背景噪声已经消除，下一个问题就是：为了让食物更好吃，我们能听点儿什么呢？

飞机餐离美味只差一副降噪耳机？

　　2014 年末，英国航空公司为长途乘客推出了"精彩音乐"（Sound Bites）服务。一旦乘客选定了飞机餐，就可以收听座椅靠背娱乐系统中的一个频道。在那里，他们会发现一份精心挑选的流行音乐播放列表，这些音乐都是为补偿食物缺失的味道而特别挑选的。

　　航空公司在选择这些音乐时，部分参考了我们实验室的研究成果。有些曲目被挑选出来，是为了强化菜肴的真实性或民族特色。研究表明，呈现与食物相关地区相匹配的音乐（或者任何其他感官信号），可以增强食物的民族特色（见第 6 章）。听到威尔第的咏叹调时（如果你能找到红白格子桌布就更好了），你会想到千层面或意大利面吧？听到宣言者乐队（The Proclaimers）的歌曲时会想到苏格兰三文鱼吧？

　　我们在肥鸭研究实验厨房开展的研究中，最先得到了证实声音调味料存在的实验证据。我们与当时的首席厨师研究员斯蒂芬·科瑟（Steffan Kosser）和乔基·皮特里（Jockie Petrie）一起，证明了包含许多叮当声及高音调元素的声音时会加重巧克力太妃糖的甜味，而低音调的音乐则会加重其苦味。应该说，这种影响并不大（5% ~ 10%），但也足以潜在地改变人们在空中的品尝体验了。所以，下次你在高海拔地区吃东西时，为什么不少加点糖，并听一些甜蜜的、不含卡路里的音乐呢？我们如今已经掌握了一些非常有效的甜美曲调，但我们仍在努力创造能增加咸味的音乐。

现在，假设你已经听从我的建议给自己买了一副降噪耳机，而且你还正听着恰当的音乐来补充或增强你所品尝的食物的味道，那么，下一步怎么做？我们还能做些什么来改善高空中乘客的用餐体验呢？好吧，如果食物真的值得品尝，这里的简单建议就是暂停电影。因为第 7 章中提到的地面研究表明，关掉电影时，你会发现食物给自己带来的愉悦感更高，同时，你还会吃得更少。

味觉升级：高空气压下的鼻子改造计划

除了环境嘈杂，人们在高空中品尝食物遇到的另一个问题是机舱内气压较低。如今，飞机加压以后，其舱内气压相当于 6 000 英尺～8 000 英尺（1 英尺≈ 0.3048 米）高空大气层的气压。在这种情况下，品尝酸甜苦咸变得更难了。也无怪乎飞机上的食物那么难吃。然而，更深层的问题是，随着机舱气压的下降，空气中挥发性芳香分子的数量也会减少。这可真能抑制我们对味道的感知。

有个创新性解决方案是让乘客贴上鼻舒乐（Breathe Right）鼻贴。这些鼻贴最初是为运动员设计的，将其贴在鼻孔上能增加空气的摄入量，潜在地提高运动成绩。贴上它能使鼻腔气流增强 25%。因此，在这里运用一下横向思维，我们可以考虑在登机时为乘客提供一副耳塞和一个鼻贴，以增加他们捕捉飘散在高空大气中的食物和饮料的挥发性香气的可能。尽管尚未在高空中试验过该方案的有效性，但比较不幸的是，迄今为止地面研究的结果，唉，我该怎么说呢，不容乐观。

在伦敦大学任教的哲学家兼葡萄酒作家巴利·史密斯（Barry Smith）教授提出了另一项在高空中（即在低气压环境下）改善品尝体验的建议。他注意到，飞机上乘客对高海拔地区出产的葡萄酒的评价，如对阿根廷产的马尔贝克新世界（New World Malbec）的评价，往往比在地面上品尝时的评价要好。

为什么会这样呢？史密斯教授认为，从某种程度上说，与其他葡萄酒相比，这些高海拔葡萄酒生产地的大气条件更接近于飞机机舱里的大气环境。例如，阿根廷尼古拉斯·卡蒂娜酒庄（Argentinian Nicolas Catena's Zapata）所用的葡萄生长在海拔 5 700 英尺左右的地方。因此，也难怪他们家的葡萄酒在高海拔地区的口感更好。

所以，等下次你有机会在飞机上挑选葡萄酒时，记住史密斯的另一个建议，一定要选果味更浓的。史密斯还指出，无论如何，最好不要选择那些单宁强劲的名酒，因为你喝完以后可能满嘴都是强烈的涩味。

还有一个突出问题是机舱内的空气湿度远低于地面（低于 20%，而一般情况下，我们家里的湿度能达到 30% 以上）。至少对那些经常飞来飞去的人来说，好消息是飞机前部的空气湿度明显会高一些。较低的空气湿度也会削弱我们的味觉能力，因为这会使我们的鼻子变得干燥，从而更难嗅到空气中留存的挥发性气味分子。

几年前，大厨赫斯顿·布鲁门撒尔针对这一特殊问题提出了自己独特的解决办法。他建议那些想在飞行中获取更愉悦的饮食体验的乘客用喷水器冲洗鼻腔。这里的想法是（也许有点不大严肃）增加鼻腔湿度，以弥补舱内空气湿度不足的问题。恕我直言，尽管这一建议肯定能吸引媒体的关注，但很难想象真有人会认真对待它。无论如何，我们不能高兴得太早。你得明白如果鼻腔冲洗法真像预期般奏效，它也能让你闻到你隔壁乘客的体味。你确定这是你想要的吗？

高空饮食版《非诚勿扰》

我哥哥自认是品酒专家,几年前他在瑞士的滑雪小屋里留宿时意识到了这一点。有天深夜,他决定打开一瓶珍藏许久的葡萄酒,可他唯一能找到的"酒杯"就是浴室里的塑料水杯。他对吉斯特勒酒庄的霞多丽干白(Kistler Chardonnay)的味道非常熟悉。毕竟,他非常喜欢这种酒,一下子买了好几箱。然而,不知何故,他用错了盛酒器,因此就是没办法重现那种他明知自己应该拥有的美妙体验——更不幸的是,由于买这酒花了大价钱,他更是迫切地想要享受这种体验。

飞机上供应的本就是人们不熟悉的葡萄酒,还要我们忽视盛酒的玻璃器皿,仅关注杯中酒的品质及我们有多享受这种体验,这太难了。用脆弱的塑料容器品尝昂贵的饮品时,我们不都会失望吗?无论里面的东西有多珍贵,容器的廉价感都减损了品尝的乐趣。

我认为,我们所有人凭直觉就知道,比起包装不恰当的饮料,我们更喜欢装在恰当容器里的饮料,现在的研究数据也支持这一观点。想想看,你喜欢用葡萄酒杯喝茶吗?当然不喜欢了!知道了这一点,人们不禁要问,航空公司到底在想什么啊?我问你,许多商务舱服务都是从用又轻又脆弱的廉价塑料杯提供免费香槟开始的,有谁能给出这么做的合理解释?虽然用塑料杯盛香槟会有点帮助,但我仍然建议希望优化品尝体验的人使用真正的玻璃杯,而不是塑料杯——因为我们发现,无论在空中还是在地面上,重量对味觉体验来说都至关重要。

在超音速飞行时,每一克的重量都很重要(比在正常飞行时重要得多)。那时,设计师们被请来为协和超音速客机开发一些新颖又时尚的超轻餐具(塑料虽然非常轻,但显然被排除在选择范围外了),最后,他们创造出了十分漂亮的钛制餐具:看着精致,拿着又比以往任何金属餐具都轻。你是不是认为，人们一定会由衷地称赞他们一句"干得漂亮"？可问题是，人们根本就不喜欢这些餐具。在试用阶段，人们就觉得它们太轻了，因此它们都无缘跟乘客见面。

最后，我知道有家富有创新精神的航空公司最近一直在研究他们发放的餐具的材料性能。他们为什么要这么做呢？嗯，因为叉子和勺子（即那些放进你嘴里的物品）的材质可以改变食物的味道。

几年前，我们与伦敦制造学会（Institute of Making in London）一起进行过相关研究。我们在每天的酸奶样本中加了少许盐，结果证明，人们用镀铜或镀锌的不锈钢勺子吃酸奶时，会觉得酸奶更咸。上述结果提出了一个问题，即新奇的餐具设计是否可以用来帮助飞机上的食物调味呢？在这里请记住，主要是甜味和咸味会被飞机上的噪声所抑制。

然而，不幸的是，虽然有些金属可以用来增强食物的咸味、苦味和酸味，但我不知道什么金属能增加甜味。嗯，我想大概只有铅了，但这种金属有毒，并不适合给人们做餐具。

我听见你说，现在的情况也还不错，但在不久的将来，真的会有什么改变吗？未来的飞机餐会是什么样子的？据我得到的消息，一家大型航空公司计划推出机上餐饮服务，这样一来，我们近年来已经习以为常的一切都会相形见绌了。恐怕我现在还不能多说。但只要有一家航空公司先行一步，其他公司迟早也会跟上的。如果是这样的话，那我希望我们最终可以看到民航初期盛景的回归，那时，为吸引财大气粗的乘客，羽翼未丰的航空公司会竞相提供高质量的餐食服务。

这听起来难以置信吗？好吧，在你否定它之前，请先允许我为你描绘一幅 20 世纪 60 年代末的空中旅行画卷。当时，环球航空公司（TransWorld Airlines）开始在美国各大主要城市之间运营以"外国风情"为主题的航班。

请让我直接引用《财富》杂志前编辑、畅销书《未来冲击》(*Future Shock*)的作者阿尔文·托夫勒(Alvin Toffler)的一段话(否则,我担心你们觉得我是在胡编乱造):

> 环球航空公司的乘客如今可以选择乘坐"法国"航班,飞机上的食物、音乐、杂志、电影以及空姐的服装都是法式风格的。他也可以选择一个"罗马"航班,上面的空姐都穿着长袍。他还能选择"曼哈顿顶层公寓"航班或"老式英格兰"航班,在这趟航班上,空姐们被称为"服务的丫头"(serving wenches),而飞机上的装饰会让人联想到一家英国酒吧。这简直难以置信!

托夫勒继续说道:"很明显,环球航空公司销售的已经不再是交通运输方式了,而是精心设计的一套心理交易。我们可以期待不久以后,航空公司会利用灯光和多媒体投影技术,创造出暂时性的整体环境,为乘客提供一种臻于戏剧般的体验。"

在这些早期的航空公司销声匿迹前,环球航空并不是唯一一家这么做的。在20世纪70年代初的一小段时间里,你甚至可能会在美国航空(American Airlines)747飞机后部的钢琴休息室里,看到一架功能完善的沃利策(Wurlitzer)电子琴。

而英国海外航空公司(British Overseas Airways Corporation,英国航空公司的前身)显然还打算在抵达伦敦时,为机上的未婚男乘客提供一个"科学筛选"的相亲机会。可这家国有航空公司因此遭到了议会的批评,于是这项名为"伦敦靓丽单身男女"的计划被取消也就不足为奇了。看来,对任何愿意见识多感官体验设计的力量的人来说,天空终究是他们的极限。

GASTROPHYSICS

第 9 章

如何吃出一顿销魂的晚餐？

请大家迁就我一会儿，回答几个问题。你觉得哪顿饭是完美的？那次的经历你还记得多少？你吃了什么？和谁一起吃？也许更有趣的问题是：你知道自己忘记了什么吗？如果嫌这些问题太多了，为什么不回忆下你最近一次吃饭的场景呢？比如说，你上次去餐馆吃饭的情景。我猜想你可能还记得你是在哪里、和谁一起吃的饭，但饭菜本身的细节、味道和你究竟吃了什么，可能记不清了。除非你像我一样，总是光顾同一家餐馆，点同一道菜。

无论一顿饭是好是坏，都吃不了几个小时。那些平凡的时刻我们早已忘记，而那些美好的场景在我们的记忆里熠熠生辉，每每想起，都会为我们带来快乐。那些真正糟糕的事情呢？好吧，也常常留在我们的脑海中，尽管我们恨不得赶快忘掉它们！对我弟弟来说，他真的十二万分不喜欢低温甘草炖三文鱼，他想忘但死活忘不掉这道菜，尽管他只在十多年前吃过一次这道菜。

我们对一顿饭的记忆，至少对一次宾主尽欢的聚会的记忆，是这顿饭的许多乐趣所在。这段记忆可能会持续几天，几周，甚至是几年。

从餐厅经营者的角度来看，这一点很重要，因为这是决定我们是否会成为某家餐厅或者连锁店的回头客的一个主要因素。

我们在超市里纠结是坚持用一个牌子的产品还是换用另一个牌子时，味觉记忆也起着至关重要的作用；这样的决定通常是基于我们对产品味道的回忆或者我们上次的使用体验做出的。

让吃货记住美食的，居然不是它的味道

一种过分简单化的观点认为，我们对一顿饭的回忆只是当时所发生事情的简化版记忆——"它的味道只是不够辛辣浓烈，"实验心理学教父、小说家亨利·詹姆斯（Henry James）的哥哥威廉·詹姆斯（William James）就曾如此形象地说过。

然而，这位美食物理学家非常清楚，我们的大脑在捉弄我们。我们不仅会完全忘记我们刚刚亲身经历过的某些事，还会记错事情甚至是虚构事实。我们会去回忆那些可能根本就没有发生过的事，或者至少，事情的本来面目并非我们记忆中的样子，这种情况发生的次数可比你想象的要多很多。我们对饭菜的记忆无论好坏，在这方面都没什么不同。

将一段经历的每个细节（无论是吃了一顿饭还是其他什么事情）都毫无遗漏地储存在记忆中，实在太费力了。因此，大脑会使用许多认知捷径来帮助我们。例如，我们会倾向于记录一件事在发展过程中的最高点和最低点（波峰和波谷），比如记住一顿饭是怎么开始、怎么结束的（即"首因和近因效应"）。而另一种"走捷径"的方式，就是对于某些在时间轴上变化不大的事件，我们倾向于忽略它们的持续时间。这种现象被称为"时长忽视"。

已有证据证明，后者也适用于饮食活动。这种心理启发法（mental

heuristics）的效率较高，因为它能帮我们抓住要点，使得我们不必记住生活的每一个细节。然而，一顿饭中有哪些情节会留下（比如结尾、高潮等），似乎取决于具体情况。

我认为，对于任何想要饮食体验更难忘的人来说，了解这些"心灵诡计"至关重要。现在是时候召唤"体验工程师"了，这些研究员毕生都在研究什么东西会牢牢留在我们的记忆里，以及为什么会这样。在美食物理学的背景下，他们的主要目的是让你为之服务的人（不管他们是谁），留下更多关于你们之间互动的美好记忆。举例来说吧，你还记得本书开头的酸橙果冻事件吗？华盛顿特区的一位厨师拜伦·布朗（Byron Brown）甚至在 2011 年创造了一种戏剧性的用餐体验，旨在增强食客对这次进餐的记忆。

一般情况下，最佳食品和饮料设计师——这里我想到了世界顶级厨师、分子调酒师和烹饪艺术家——应该努力为顾客创造至臻完美的品尝体验。但那些处于餐饮业游戏顶层的人，真正应该关注的问题是如何创造出最深刻的记忆。我们吃东西时对食品和饮料的感知，与我们事后对它们的回忆在数量和质量上都有所不同，在你弄清楚这一区别之前，你真的别指望能传递最完美的长期记忆。一顿饭本身和我们对它的记忆是相关联的，这是不言而喻的，但它们之间也存在着系统性差异，美食物理学家和体验工程师要利用的，恰恰就是这种差异。

一位与我密切合作、经常在我身边晃悠的厨师，一直在做着自己的实验（就像一位真正的心理学家）。他想知道的只是对于他所做的美味佳肴，食客们会记住什么。这位大厨用电子邮件向几周前光顾他家餐厅的食客发了一份调查问卷，结果令其大吃一惊！尽管那些选择回复的客人肯定能记得他们非常享受那次用餐体验，但事实证明，他们根本无法准确地记住自己吃了什么。

有趣的是，在食客脑海中印象最深的，是诸如他们就座时，女服务员在他们的菜上洒了一些香料之类的事情。换句话说，就是比起食物本身的味道，更让人印象深刻的是更具有戏剧性、更令人啧啧称奇或更加非同寻常的服务。记不住食物并不代表食客对厨师厨艺的否定。饭菜本身非常美味，当时人们甚至可能会说大多数菜肴都令人回味无穷，见之难忘。然而，事实证明，人们并没有好好地记住它们，至少是没好好记住每道菜的原材料和味道。

相信你可以想象，当调查结果出来时，这位厨师有多丧气。他不停地嘟囔着，如果顾客们根本不记得他们吃过什么，更记不起那些菜肴非同寻常的味道，那他为什么还要花那么多精力来做菜呢？我告诉他不要对自己太苛刻，这一切都有心理上的原因，与他的烹饪技巧无关。

最重要的是，人们记得他们的享乐反应，他们真的喜欢"这种体验"。如果他们碰巧利用自己过于活跃的想象力构建了一些虚假的食物记忆，那就随他们吧。令人惊讶的是，这些食客坚信他们的记忆非常生动，甚至于他们现在仿佛又吃了一次这道菜。但他们很可能是在想象着一种他们没有吃过的东西的味道，至少不是在这个厨师的餐桌上吃到的！（以上这些都会让人怀疑网上美食评论的价值。）

我用最能安慰人的口吻对这位伙计说，试图克服回忆的弱点只能是徒劳。相反，他需要做的是更好地理解记忆褪色和思想耍诡计的方式。其实一般情况下，我们真的不太会关注自己尝到了什么。我们的大脑只是先做一下质量检验，以确保我们要吃的食物或饮料没什么问题，其味道和我们预想的（或预测的）差不多。

之后，我们一旦确认了自身的安全，就会把我们的认知资源（心理学家称之为"注意力"）投入到其他更有趣的事情上去，比如一起用餐的同伴、电视上播放的节目，或者谁刚刚给我们发了一条短信。

也就是说，我们觉得没必要一直专注于吃的东西。并且，除非你十分关注自己吃了什么，否则你根本记不住它们，甚至过几分钟后想起来都困难，更不用说几周或者几个月后了。心理学家非常清楚这一点，因为情感在这里可能也发挥了一定作用。

如果在人们吃东西时改变了食物味道，他们通常不会发现。就像我们都处于"嗅觉变化盲视"的状态中。有趣的是，这几年来，许多食品公司一直在试图将这种现象转化为优势。其基本思想是，把所有美味但不健康的配料都放进第一口或最后一口食物中，降低其在产品中段的浓度，反正消费者也不太注重这一阶段的品尝体验。

试想一下，把盐不均匀地撒在一块面包的面包皮上，如果消费者第一口吃下去觉得味道很好，他们就会自行脑补剩余部分的味道和第一口完全一样。只要这一餐不是下午茶，而且品尝者吃的是去边面包制成的薄片黄瓜三明治，这种策略就可能奏效。或者再想想巧克力，大多数人拿到一块巧克力时，会从一边吃到另一边，而不会直接从中间啃着吃。事实上，联合利华在这方面拥有多项专利。

这种创新型的产品开发策略，一方面是基于"变化盲视"现象，另一方面是基于大脑的一种假设，认为看起来一样的东西尝起来也一样。美食物理学研究的最新前景就是搞明白这些"思想诡计"，以便餐饮企业，至少是那些更有创新精神的企业，能够满足消费者的期待，在低盐、低糖、低脂的条件下提供同样的美味。

在盲品测试中，我们吃得出自己喜欢的品牌吗？

你认为自己会注意到颜色和质地相似的两种果酱之间的区别，或者是两种不同口味的茶叶之间的区别吗？大多数人会给出肯定的答案。

毕竟，我们买回来某种果酱或者在家里准备好几种茶叶，不正是因为我们能区分它们的味道吗？美食物理学研究表明，我们在感知能力上存在一些令人担忧的限制。事实上，即便是刚刚尝过的东西，我们对它的记忆（或意识）也少得出奇。"选择盲视"就是这一现象的经典例证。

　　研究人员在瑞典一家超市门口询问了约 200 名购物者是否愿意参加一次味觉测试。那些同意参与的人需对两种颜色和质地相似的果酱（例如，黑加仑酱和蓝莓酱）进行评估。如果购物者选出了他们最喜欢的果酱，他们就得进行二次品尝，并说明他们选择这一种果酱的理由，以及究竟是什么使他们觉得这一种果酱比另一果酱要好得多。购物者非常乐意帮忙，他们向实验者讲述这种果酱为什么会成为他们的心头好，或者会告诉他们这种果酱涂在吐司上特别好吃。

　　然而，许多顾客没有注意到的是，在他们第二次品尝自己的"首选"之前，涂抹的果酱已经换口味了。实验人员使用的是双头果酱瓶，以便在顾客不注意的情况下实现这种转换。换句话说，毫无戒心的顾客正在为他们为何喜欢自己刚刚拒绝掉的果酱而慷慨陈词。另一项有关水果茶的实验中也发生了同样的情况。

　　总的来说，只有不到三分之一的顾客发现了这种骗术。即便在两种果酱尝起来很不一样时（想想肉桂苹果酱和苦苦的葡萄柚果酱，或芒果的香甜和八角调香茶的刺鼻香气），也只有一半的顾客能感知到这种变化。这些实验发现意味着，许多接受测试的人其实无法清楚地记得他们刚刚吃过的食物的味道。

　　尽管结果令人惊讶，但它们却与盲品测试的研究结果相吻合。消费者坚信，他们能从一系列盲品测试的选项（看不到商标）中辨别出喜欢的品牌。他们试了很多次，选择一种产品并自信断言这是他们最喜欢的品牌（大概是将这种产品的味道与记忆中的味道做了比较）。

毕竟，他们为什么要为名牌商品支付比无品牌商品或超市自有品牌产品更高的价格呢？唯一的问题是，大多数情况下，他们自信满满挑选出的品牌，恰好不是他们通常选择的品牌。并不是所有品牌的同一款产品尝起来都是一个味儿的，品牌商也不会这么做，只是我们对味道的记忆并不如我们想的那么深刻罢了。

这一定不会对所有产品都适用吧？说到这一点，我的某些同事就开始高调吹嘘葡萄酒的世界的与众不同了。他们抗议说，我不应该相信那些葡萄酒盲品研究结果，因为在这些研究中，人们表现得太差了，连专家的表现也让人大跌眼镜。说实话，盲品葡萄酒也取得过一些非凡的成就，我对此毫不怀疑。但区分两种不同的场景是很重要的。

例如，一位品酒专家在一次盲品某葡萄酒的过程中，突然想起了他／她很久以前去过的一个葡萄园，在那里，他／她第一次品尝到这种酒，他／她甚至想起了同行的人有谁，以及他们穿着什么样的鞋子。在另一种盲品葡萄酒的情形中，品酒师需对葡萄酒的感官特性进行了更精确、合理的评估。在后一种情况中，细致的排除过程可以帮助品酒专家确定葡萄酒的可能产地。

诚然，这两者都能给人留下了深刻印象，但只有前者才真正展示了味觉记忆的杰出成就。有趣的是，葡萄酒盲品手册往往侧重于第二种方法。我怀疑，品酒专家盲品葡萄酒时展现出的惊人识别能力，多半是基于推理和冷静的预测，而不是源自于味觉记忆。

有惊喜，才更容易记住吃过什么

在体验管理的语境中，"黏性"（sticktion）指的是数量有限的特殊线索，这些线索足够显眼，可以被注意到并记忆一段时间，且不会被抹去。黏性在体验中很突然，但不会对体验本身进行压制；经过精心的设计后，它可以既令人难忘，又与体验的"主题"相关。

在这里，我们为所有对如何管理顾客（或者朋友）的用餐体验感兴趣的伙伴们带来一个好消息，那就是有很多方法可以用来创建黏性记忆（"sticker" memories），积极的回忆有望成为顾客决定回头光顾某家餐厅的基础（或者对那些在家做饭的人来说，它会让你的朋友在回想起这顿饭的时候觉得你是个很棒的厨师）。

其中一个方法是，送一份意想不到的礼物，比如说一份开胃小菜，一份厨房做的试吃小样，总之必须是食客们（或你的客人）预料不到、也没有点过的。这种积极的小惊喜，很可能会在他们离开很久之后，还牢牢地留在他们的记忆中。

与之类似，多元化品尝菜单的兴起也提供了创造黏性互动的机会，初尝每道菜都能为食客提供一个潜在的"味道发现"时刻。从设计美好饮食回忆的角度看，端上来一大盘同样的食物绝对非常让人抓狂。你知道的，人们会记得最初几口吃了啥，可也仅此而已。这就是我们之前讲过的"时长忽视"。盘子一从餐桌上端下去，剩下的食物就会被遗忘。就算有过记住它们的机会，那机会也被浪费掉了。

任何想要设计"美妙味觉记忆"的人，可能都需要考虑一下首因效应。我来解释一下：如果我给你一张需要记忆的项目清单，比如说一张菜单，你更有可能记住前几道菜和最后一道菜的名字。而中间那一串名字需要花大力气才能记住。难怪很多厨师似乎都很擅长做他们的开胃菜。也许有人认为这是体验设计的一个直观例证。

如果你知道哪些菜最可能被顾客记住，那么为给他们留下最美好的记忆，努力完善这些菜看是非常值得的。展望未来，我们应该可以找到一个理想的平衡点，既能让食客大概记住菜品的数量，又能为厨师提供足够的空间来展示食材。

尝试创造更难忘的饮食体验也会遇到许多问题。就拿下面的例子来说吧，研究人员在一家餐馆进行了一项研究，结果表明，有三分之一接受调查的食客怎么也想不起来他们吃过面包，甚至才刚吃完几分钟他们就"失忆"了。那么，在用餐体验的这个特定方面我们应该投入多少精力呢？我想，上述研究会让你产生不同的想法。

事实上，在纽约这样的城市里，越来越多的餐馆不再为顾客提供面包了。有趣的是，这种现象似乎与首因效应背道而驰。但也许只是因为人们根本没把面包当成正餐中有意义的一部分吧；他们并没有把它当做美味佳肴的前景体验，而是将其当作背景了，就像桌布一样。

那些致力于研究人们对主流餐厅记忆的体验工程师发现，我们的记忆很少以食物为中心。就拿下面的例子来说：选取 120 多名光顾过必胜客餐厅的食客，在一周后对其进行回访，结果证明，餐厅员工热情洋溢的开场交流（员工自我介绍时热情而充满活力），是大多数人最突出的记忆。看来，一名员工花多长时间才能得到认可也同样重要。总之，无论是米其林星级餐厅还是美食酒吧，如果能知道顾客最可能记住什么，就能更好地改进餐饮服务。知识真的是力量！

带着地图和放大镜的晚餐，如何让你酸爽到难以忘怀？

我听到你说，虽然我们以前吃过的菜肴的味道和香气可能会从我们的记忆中渐渐淡去，但我们至少能记得我们最喜欢的菜或当地餐馆的招牌菜吧？对我来说，如果去附近的意大利餐厅吃饭，就总会要点儿炸银鱼和意大利烤碎肉卷，那是我永远不会忘记的事情。而每当我去印度餐厅时，我就会点咖喱鸡肉、肉饭和烤馅饼。我经常点完全一样的菜，一成不变到让我妻子都觉得我是自闭症患者。但我想说，这不是个"新奇恐惧症"（与喜新成癖相反）的问题，如果你明明就知道自己喜欢什么，那为什么要改变？

从这点考虑，诸如伦敦北部伊斯灵顿（Islington）的"饿狼之家"之类的餐厅往往会倒闭。它的商业模式是为突然火起来的厨师和烹饪艺术家提供餐饮空间，他们每个人只在这儿工作 4～6 周。就个体而言，每个进入厨房的厨师都很棒，可他们风格迥异。因此，你可能记得你喜欢上次来的那个厨师，但对那些可能吸引你再度光临的菜品却没什么具体的积极记忆，也就是说，没什么具体的事情值得期待。

管理大师们绝对清楚这一点：任何一家真正成功的餐厅都需要几道众所周知的招牌菜，能让顾客记住并吸引其来反复品尝。因此，"饿狼之家"餐厅就跟其他许多家菜单不断变化的餐馆一样，的确没能运营多久（毕竟，漏雨的屋顶可能根本发挥不了作用）。太遗憾了，我以前还很喜欢在那儿当常驻研究员呢。

相比之下，L'Entrecôte 之类的连锁餐厅，其菜单基本是固定的。而顾客期待再次光顾的原因就在于此——每次光顾时都能吃到与记忆中的食物一模一样的东西。有些人（比如我妻子的家人）甚至已经光顾 L'Entrecôte 餐厅四十多年了，尽管这家店总是需要等位，门口总是排长队（参见第 10 章），可排队大概也是"体验"的一部分吧，这似乎制造了某种稀缺价值。

另一种帮助食客创造难忘用餐体验的方法是讲述美食的故事。肥鸭餐厅在这一点上就做得很好。当侍者把地图和带着鸭脚状手柄的放大镜（图 9.1）递到食客面前时，这种体验就开始了。即便很多菜都基本保持不变，可你正在进行某种旅行的感觉被放大了。

我认为，讲故事可以帮助食客理解一份写着许多菜名的菜单——

否则那一系列菜看看起来更像是厨师自己成名作里的随机数列（甚至是一种情绪化的选择）。可一旦提供了故事情节或叙事框架，食客们不仅可以更好地将整个经历分解或"组块"（即将各种信息整合在一起以便处理或记忆），且在这一过程之后，这种体验也更容易被记住。如果我们吃的这一餐还不是传统的三道菜或五道菜的结构，这就变得更加重要了。

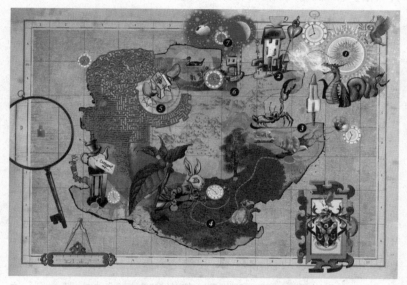

图 9.1　食客们到达肥鸭餐厅时需（借助放大镜）查看的地图

　　如果用餐者吃的是特别餐，那最好给他们一份菜单，让他们带走。回去以后，他们自己家厨房的墙壁上就能有"美味佳肴"做装饰了，比如我第一次去赫斯顿·布鲁门撒尔的餐厅吃饭时带回来的菜单就挂在那儿。尽管现在距那时已经过去近十五年了，可看看墙上的菜肴描述，仍能勾起很多愉快的回忆（你知道的，我能回忆起的不一定是当时菜肴真正的味道，而是这顿饭本身以及我想象中的菜肴的味道）。在这种情况下，菜单的描述性越强越好。

如果菜单和菜品一起上桌就更棒了！至少在创造持久性印象方面是这样。往事历历在目，我仍记忆犹新：那时我拿起一个普通牛皮纸信封一样的东西，希望提醒自己刚才已经吃完了什么菜（我已经开始忘了，毕竟有那么多菜呢），顺便看看接下来还有什么菜。可当指尖触碰到信封的那一刻起，我震惊了！这东西的质感像皮肤一样（那个信封经过了特殊处理）！这完全出乎我的意料。从那以后，那个"意外之喜"就一直伴随着我。

正如前述，通常只有那些不同寻常的、令人惊奇的、俘获我们注意力的经历，才能真正迫使我们停下手头的事情来集中注意力。正是那些我们想弄清楚到底发生了什么的时刻，才让我们记得最深。只有那些需经深层加工才能被理解的事件（和菜肴），才能真正地留在我们的记忆中。这就是心理学家所说的"深度处理"：加工层次越深，记忆效果越好。

最后一个有助于创造美好食物记忆的建议，与所谓的"末端效应"有关。我们对各种经历的回忆往往为最后发生的事情所支配，食物也不例外。因此，在高潮时结束饭局可以给人留下更美好的回忆。在证明这种效应的一个简单实验中，为了达到这个效果，研究人员让 80 个人先吃燕麦饼干，后吃巧克力饼干。另外的 80 人则按相反的顺序来。30 分钟后对两组人进行测试时，结果证明，那些以更美味的巧克力饼干结束自己零食之旅的人，印象中食物的味道更好。

"末端效应"大概也解释了为什么"任你予取予求"的食物不太可能被人怀念。在这种情况下结束用餐，至少依我个人的经验而言（赶紧补充一句，这是学生时代的经验），得到的只是吃撑了且明知道自己吃太多了的失望之感。相比之下，那些在用餐结束时突然送上来一杯柠檬酒的意大利餐厅，可能会通过为食客带来一份意外之喜的方式，营造出一种更积极的记忆。所以，为什么不考虑一下在客人离席之前，你能带给他们什么惊喜呢？

为什么食品包装变了，我们会觉得味道也变了？

下次你再发现自己坐在电视机或电脑前吃饭时，请仔细想想你在做什么。前文已经提及，用心吃东西很重要，任何能帮助我们更清楚地意识到我们在吃什么的事情，都将有助于增加享受程度，增强多感官刺激的传递，甚至还可能增加饱腹感。但是，用心吃饭和饮酒是否也能为你留下更美好的饮食记忆呢？看起来这似乎应该是理所当然的，用心吃饭会导致之后的食物摄入量减少（无论是在这餐中还是在之后几餐中）。

然而，我认为这一点还需等进一步的美食物理学研究结果出来之后才能确定。从某种意义上说，许多用餐者拍下所有食物的照片并发布到社交媒体上，是在创建一种对事件和菜肴本身的外部记忆。如果你愿意的话，它们就能充当一份备忘录。正是这些图像在帮助人们记住他们知道自己会忘记的东西。

离开餐馆后，有人可能会问，我们对自己最喜欢的食物到底还记得多少？当消费者最喜欢的品牌配方发生重大变化时，他们往往感到不满。例如，可乐新品的推出或吉百利牛奶巧克力形状的改变都引发了消费者的强烈抵制。这种行为当然可以被理解为我们能记住自己最喜欢的食物的味道。

事实证明，我们对品牌食品和饮料的记忆只要和上次一样好就行了。正是这一点使得食品和饮料生产商能够潜移默化地实施他们的健康战略，在消费者没有意识到任何变化的情况下，逐步减少产品中糖和盐等不健康成分的含量。如果走得太快，消费者就会写信、打电话或者发电子邮件来抱怨他们最喜欢的品牌不再是以前的味道了！

其实食品公司面临的挑战十分严峻，即便产品配方本身没有任何改变，易拉罐颜色或巧克力形状等产品外观的改变，也会影响产品的味道感知，从而引起消费者投诉的增加。（参见第 3 章）。

美食物理学家会告诉你，一旦注意到食物的变化或潜在的改变（例如，当我们看到标签上印着"低脂"或"低盐"时），我们就会开始更加关注我们正在品尝的东西。因此，食品公司销售低脂、低糖或低盐的新产品往往是个坏主意。由于消费者会在脑海中对新产品设定味道预期，所以他们将更关注新产品的味道，寻找其不同之处。这可不算是一件好事。荷兰感官科学家艾普·科斯特（Ep Köster）曾指出，就嗅觉、味觉和口感而言，我们的记忆似乎更专注于检测变化，而不是致力于精确识别我们以前遇到过的食物刺激。

在所有的盲品测试中，我们都没能识别出自己最喜欢的品牌；但另一方面，当消费者发现他们最喜欢的品牌发生了变化时，又会大声抱怨。我们该如何理解这一切呢？这似乎不太合理——或者确实如此？好吧，也许我们基本上还是对味道视而不见。

也就是说，如果我们的大脑没有发现某些东西和我们期望的不一样，我们就不会去关注它。只有发现了不一样，我们才会真正开始集中精力去看看是怎么回事。因此，如果你想让你的家人养成健康一点儿的饮食习惯，那方法再明显不过了：逐步改变你的烹饪方式（比如少放盐），而且无论你在做什么都不要让他们知道。

如何利用每顿饭的香气，叫痴呆老人回家吃饭？

我不希望你认为只有想要模仿电影《全面回忆》（*Total Recall*）中的桥段，在你脑海中植入特定记忆的人才会对"吃饭记忆"感兴趣（无论是为了经济利益还是商业利益）。这项研究还有其他重要作用，因为一些不幸的人正在失去或已经完全失去了记忆最近发生的事情的能力，餐盘一从桌子上撤下去，他们就能忘了自己刚刚吃了一顿三道菜的大餐。

例如，患有科尔萨科夫综合征（Korsakoff's Syndrome，通常由极度酗酒引起）的失忆患者，可能对刚吃过的东西没有任何记忆；只要他们在吃完上一餐后稍稍分了心，恰好又有食物放在面前，他们就会很开心地开始吃第二餐，甚至第三餐。对此，有一种解决方案是，将刚吃完的那顿饭的视觉线索放在周围以提醒他们刚才吃过饭了。

几年前，伦敦的一位气味学专家和一家设计公司合作研究一个项目，请我担任项目顾问。该项目旨在找到一种干预措施，以帮助那些总是忘记吃饭的阿尔茨海默症早期患者。当时的想法是，如果有东西能提醒这些患者吃饭，他们就能更长久地维持一种半独立的生存状态。我的同事们想出的解决方案是制造一个插件，它能在早上释放出早餐的味道，中午释放出午餐的味道，晚上释放出晚餐诱人的香气。这种产品已经上市好几年了。

根据它的设计，美食物理学家面临的一大挑战是弄清楚到底应该使用哪种香味，尽管哗哗冒油的培根味儿可能会让一些人联想到早餐，但对具有某些宗教信仰的人来说，这显然不是一个选择。此外，我们爱吃什么也会随着时间的推移而变化，所以我们需要找到的那些食物香味，要对大多数即将达到退休年龄的人来说有意义才行。

你要是知道目前全世界有近 5 000 万人患有痴呆症，就会明白研究这种感官干预措施有多重要了。在一项名为奥德（Ode）的设计方案小测试中，50 名痴呆症患者（及其家人）使用该设备近三个月。最后结果显示，超过一半的参与者体重保持稳定或有所增加，而所有参与者的体重平均增加了两千克。难怪它会荣膺 2013 年度英国小企业杯（Small Business Cup）的最具创意商业理念奖。

怎样"入侵"食物记忆，让小孩爱上蔬菜？

还有一项非常有趣的研究是关于"入侵"人们的食物记忆从而改变其饮食行为的。研究人员已经证实，仅通过植入与先前饮食体验相关的错误记忆（例如，告诉某人，有次他吃了甜菜根就生病了），就能潜移默化地影响人们对食物的态度和行为。这些错误信息及由此产生的错误记忆，可能会导致用餐者的重大行为变化（例如，不再那么喜欢甜菜根及减少它的摄入量）。

尽管迄今为止，大多数研究都是在实验室里进行的，但研究员对利用这些技术推动人们养成更健康的饮食习惯越来越有兴趣了。例如，是否可以通过在过往愉快的饮食体验中植入假性积极记忆的方式，来鼓励小朋友多吃蔬菜呢？如果这么做有用，它又是否会有悖伦理呢？

最终，一场欢宴曲终人散时，给我们留下的唯有我们对它的记忆；我们只能记住重要的事情，或者可怕的事情。至于中不溜的东西呀，嗯，大部分都被遗忘了。因此厨师，至少那些着眼于未来的厨师，会渴望创造出更令人难忘、更有"黏性"的饮食体验（用体验工程师的话来说就是如此）。毕竟，他们的长期成功有赖于此。

我们对食物味道和香气的回忆，决定了我们会再次光临哪家餐厅，会忠于哪些食品和饮料品牌，甚至是我们准备吃多少。事实上，与那些使劲回忆前一天中午吃了什么的人相比，仅仅提醒某人，当天早些时候（比如说午餐）他吃了什么，就能让他少吃很多零食。因此，记住你最近吃了什么，可能比你想的更重要。幸运的是，美食物理学的方法正在越来越多地帮助那些想让你记得更多的人，同时也在越来越多地帮助那些失忆的人提高生活质量。

虽然这里没有足够的篇幅来深入讨论这个话题，但也要考虑到，我们所吃的食物本身也可以用来唤起记忆；它们就如常被引用的普鲁斯特笔下的玛德琳蛋糕一般，能俘获人们的记忆。或者，你可以拿那些所谓的"记忆盛宴"来做个参考，比如美国的感恩节。

最后，让我以布里亚-萨瓦兰在1825年出版的经典著作《味觉生理学》中的一段话作结吧！这位著名的法国美食家写道："餐桌上的乐趣属于任何时代、任何年龄、任何国家及任何一天；与我们所有的其他快乐相伴而行，但比它们更长久，并会在它们弃我们而去时留下来安慰我们。"这位老夫子一语中的，吃吃喝喝就是人生一大乐事。但是当我们对这些乐事的记忆消失时，有人可能会问了：我们还剩下什么？

GASTROPHYSICS

第 10 章

「量身定制」的食物更美味

　　你要是去星巴克点过咖啡的话，一定会注意到这种现象：无论何时你在门店点单，服务生总是会问你贵姓，然后，当你的饮品被端上来时，你会发现杯子上潦草地写着你的名字。高峰时段会有大量的顾客站在柜台前，望眼欲穿地等着他们的卡布奇诺或脱脂拿铁；为了避免混淆，这种做法似乎是必要的。

　　不过，这可不仅仅为了便于操作。这种"个性化"的形式是公司的营销策略。有些人甚至认为，这实际上会给顾客带来更好的体验。毕竟，顾客会觉得这杯饮品是专门为他/她定制的。然而，美食物理学家在这儿真正想要回答的问题是，这种（或任何其他）个性化的形式是否也能让你觉得食物的味道更好。

在纸杯上写下顾客的名字，星巴克的饮料会不会更好喝？

　　这种个性化营销方式在 2013 年和 2014 年开展的"分享可乐"活动（Share a Coke）中取得了巨大成功，消费者可以购买一瓶标签上

图 10.1 2013 年和 2014 年的夏天,可口可乐公司在 70 个国家启动了"分享可乐"活动,将原商品标签换成了消费者的名字,该公司的营销策略成了新闻头条。而这项活动最初于 2011 年时在澳大利亚启动

印有自己名字的可乐(图 10.1)。毫无疑问,这种个性化营销只浮于表面(从产品本身没有任何改变的角度来说)。世界各地的可乐大抵相同,但看到自己的名字出现在标签上,会改变你的体验。这种变化如此简单,却非常有效:这次活动使得可乐的销售额在十多年间首次出现了增长。

因此,无怪乎许多餐饮企业一直在争先恐后地个性化自己的产品,以复制可口可乐的成功经验。《福布斯》(Forbes)杂志上刊登的一篇文章说:"个性化并不是一种趋势。这是一场营销海啸。"例如,2015年末,酩悦香槟(Moët & Chandon)在英国塞尔福里奇百货(Selfridges)内的各大专柜都设立许多照相亭,顾客可以上传自己的照片,制作个人专属的迷你酩悦香槟瓶小物件。这显然是完美的圣诞礼物。

白熊啤酒(Vedett)还鼓励人们用自己的照片来定制啤酒瓶,菲多利公司也效仿此举，为人们提供了 1 万袋薯片，让他们用体现"最美夏日时光"的照片来做个性化装饰。2016 年，家乐氏推出了自己的优惠活动：凡购买指定数量盒装麦片的顾客，都可获赠一把专属于自己的勺子。

"情感腹语"：为什么自己杯里的咖啡更香浓？

为什么人们会对与自己相关的产品产生不同的反应呢？也许，这与"自我优先效应"有关。牛津大学的心理学家最近发现，不具有实质含义的任意视觉符号刺激（如圆形、正方形和三角形），一旦与我们自身联系在一起，就会具有特殊的意义。

在一项典型研究中，研究人员设置了两个任意刺激，一个与自我有关，而另一个则与朋友或其他人有关。研究人员要求坐在实验室里的参与者在看到与自己有关的刺激时尽快按下一个按钮（可能是蓝色三角形），在看到与别人相关的刺激时（可能是黄色正方形或红色圆形），就按下另一个按钮。许多此类研究的结果表明，与自我相关的对象会很快被优先化：即比起那些与他人相关的刺激，你会更早看到它们并更快做出反应。换句话说，它们变得更加突出，因为它们与你相关，或者在某种意义上"属于"你。

我怀疑，当消费者看到写有他们名字的一次性咖啡杯或可乐瓶时，类似的现象也很有可能发生。出于同样的原因，寿星大概也会觉得端上桌的生日蛋糕味道更好。

你会特别钟爱哪个杯子吗？我最喜欢的是一只一侧画着卡通猪、一侧画着小鸡的橙色杯子，每天早上我都会用它来给自己做一杯卡布奇诺。如果我发现它还躺在洗碗机里，就会很生气。当然，无论用什么杯子喝咖啡，咖啡都是一样的。但不知何故，用我最钟爱的杯子喝咖啡的体验让我感觉不一样，连带着这杯咖啡的味道都不同了。

在某种程度上，"自我优先效应"也许有助于解释为什么用你最喜欢的杯子喝饮料时味道总是更好。有人可能会认为这是一种"感觉移情"（有时也被称为"情感腹语"），这一概念是半个多世纪前由北美传奇商人路易斯·切斯金（Louis Cheskin）首次提出的。

就是说我们把对自己杯子的感觉（所有这些温暖和熟悉的感觉），转移到我们对内含物的感知上了。这种想象可能还与"禀赋效应"（endowment effect）[①]有关。行为经济学家们常用这一术语来描述这样一个事实：我们赋予某些事物更多价值，仅仅因为我们拥有它。这种现象也被称为现状偏见（status quo bias）[②]。

据我所知，相关实验尚未开展，但真的应该有人来研究这一问题。路易斯·切斯金这位敢为人先的美食物理学家所要做的，就是邀请一群人（三四十人可能就够了）先品尝和评价自己杯子里的咖啡，再品尝和评价别人杯子里的咖啡（当然，要确保品尝顺序合理）。也许两个杯子里的咖啡是一样的，也许是不同的——只有美食物理学家知道确切的答案（至少我希望他们知道）。不过，你就算不做研究也能知道人们更喜欢用哪个杯子喝咖啡。

有趣的是，当你向人们提问时，他们往往会尴尬地承认，他们更喜欢自己钟爱的杯子，因为从某个层面上讲，他们不认为杯子会改变味道，他们会认为自己有点傻。但身为一名美食物理学家，我坚信这种个性化的方式确实会对饮食体验的愉悦度产生影响——也

---

①禀赋效应是指当个人一旦拥有某项物品，那么他对该物品价值的评价要比未拥有之前大大增加。——译者注

②现状偏见指当事人具有维持现状的强烈倾向。——译者注

许这种影响很微妙，但其意义重大。

几十年来，心理学家已经发现，一个人的名字似乎有着特殊的意义：无论环境多么喧闹，它总能莫名其妙地"蹦出来"。你最熟悉的场景，可能就是在嘈杂的酒会上突然听到有人在谈论你，因此这种现象被称为"鸡尾酒会效应"。但是考虑到你一生中会经历许多次这样的场景，从这一层面上来说，你会把自己名字优先化并不出奇。

相比之下，自我优先化非常值得关注的地方在于，它对我们行为影响的速度很快。在某种意义上，一旦某个物体被打上"我们的"标签，这种现象就会发生。即便是一个傻乎乎的蓝色三角形，只要它被分配给我们，就会立刻被区别对待。此外，支撑这些行为变化的大脑成像研究表明，与其他相关刺激相比，自我刺激会激活不同的神经回路。

事情还不止于此：人们姓氏的开头字母也会对其行为产生某些方面的影响。例如，姓氏以字母表中排位靠后的字母开头的人，更有可能在网上拍卖和限时优惠中较早做出反应，也就是说，那些姓氏以字母"Z"开头的人有点缺乏耐心！这似乎与在学校时他们的名字总是最后被念出来有关，因为婚后变更的姓氏并不会对人的行为施加如此影响。

除"姓氏效应"外，还有许多其他有趣的现象。例如，你可能会惊讶地发现，我们都倾向于选择名称拼写与我们名字的首字母相似的物品（"姓名字母效应"）。此外，营销人员知道，如果某些产品、品牌甚至潜在合作伙伴的名字中有几个字母与我们的名字相同，我们就会更喜欢它们。

照这个逻辑推理下去，人们可能会做出如下预测：我们应该（尽管只有一点点）更喜欢那些名称与自己名字有更多重合之处的菜肴。对我来说，长途旅行后，我最想吃顿辣的过过瘾。研究表明，"辛辣"

（spicy）这一单词中有三个字母和我的姓氏（Spence）相同，这三个字母至少在我嗜辣这方面起了一定的作用。

更有趣的是，每当我点了另一道我最喜欢的菜——墨西哥辣牛肉（chilli con carne）时，我都会情不自禁地想到它的名字和我的名字（Charles）中相同的那几个字母。你为什么不自己试试呢？你最喜欢的菜肴的名字和你的名字有几个相同字母？如果下次你遇到一个叫维多利亚（Victoria）的女孩，又发现她偏爱海绵蛋糕时，千万别大惊小怪。

"干杯效应"：高档餐厅为什么要记住你的名字？

餐厅想要提供个性化服务以提高食客的用餐体验，方式太多了。这里举个相对简单的例子吧，在里卡得·卡马雷纳（Ricard Camarena）位于西班牙巴伦西亚（Valencia）的 Arrop 餐厅里，服务生会特别注意你第一次从面包篮里选了哪种类型的面包。当他们回来加面包时，会专门指着你上次选的面包，问你是想要同样的面包还是不同的。通过这一举动，他们向你传递了一个信息：无论你的举止多么细微，他们都会关注到。还有很多家经营良好的餐馆也会用到类似的技巧。

另一个服务周到的例子来自于我们前几章中经常听到的一家餐厅，即被评为米其林三星的肥鸭餐厅。那里的服务员会在食客开始用餐时仔细观察，以便弄清他们的习惯。他们会用心记住餐桌上的每个左撇子，然后把餐具摆在他们惯用手的旁边。有趣的是，餐桌上的食客却没有提到这一点；事实上，那些不善于观察的食客意识到的，就只是这种用餐体验让人十分舒服。而一些更细心的食客可能会注意到这种个性化服务，并衷心感谢餐厅为给他们创造专属用餐体验而付出的努力和对细节的关注。

谁不喜欢在自己最爱去的地方被人认出来呢？类似于这个样子：
"嗨，你好，斯彭斯先生，很高兴再次见到你。"自从 20 世纪 80 年代
的情景喜剧《波士顿酒吧》（Boston Bar）上映后，这一现象就被称为
"干杯效应"。虽然你们当地的必胜客餐厅员工不太可能记得住你的名
字，但高档餐厅未必如此。

在如何让客人感到自己与众不同这个方面，高档餐厅将玩法提
升到了新高度。最典型的例子就是查理·特罗特那句重复说出的名
句——"请往这边走！"就算身处他在芝加哥的同名餐厅的厨房里，
你都能听到这种声音。

曾在那里工作过一段时间的伦敦厨师杰西·邓福德·伍德（Jesse
Dunford Wood）说，这是贵宾即将到来的提示。每到这个时候，厨房
里的工作人员都会走到外面来，在餐厅门口列队欢迎客人（图 10.2）。
如果你还记得热播电视剧《唐顿庄园》（Downton Abbey），你一定觉

图 10.2　查理·特罗特及餐厅工作人员在等待贵宾的到来。这次来的是芝加哥市市长拉姆·伊
曼纽尔（Rahm Emanuel）。这种形式的欢迎保证会让客人感到特别

得这一幕似曾相识：庄园的仆从在庄园主长途旅行归来时，就会以这种方式欢迎他。

2010 年，纽约餐饮大亨丹尼·梅耶（Danny Meyer）出版了回忆录《全心待客》（*Setting the Table*），讲述他与餐饮业的故事，这在当时引起了不小的轰动。梅耶经营着许多著名餐厅，包括联合广场餐厅（Union Square Cafe）、谢来喜酒馆（Gramercy Tavern）和麦迪逊 11 号公园餐馆（Eleven Madison Park）等。

他在书中一再强调餐厅服务个性化的重要性。多年来，他们一直保持着在初次预定时就保留用餐者信息的习惯，以确保客人到达时受到熟悉的欢迎。事实上，他们会为熟客建卡立档，并记录他们自身在烹饪上还存在的瑕疵。

你可以想想这些问题：某某是喜欢坐在窗边，还是喜欢呆在墙壁内的小阁子里？他们的名字是什么？更重要的是，他们是希望被认出来呢，还是宁愿保持匿名？他们是喜欢特级托斯卡那葡萄酒呢，还是像饶舌天王杰斯（Jay Z）一样，喜欢勃艮第白葡萄酒？

虽然梅耶在纽约的餐厅常被认为是提供周到细致和个性化服务的典范场所，但许多其他餐厅也声称已采取了类似策略。阿丽尼、Next、Moto 及 iNG 等芝加哥著名餐厅，也都在试图了解食客们的有关情况。

据阿丽尼、Next 和鸟舍餐厅（The Aviary）的共同所有人尼克·柯克纳斯（Nick Kokonas）说，他们保存了餐厅开业以来每位食客的数据。他说，最初的想法"只是为了在看到顾客时认出他们，与其打招呼时能喊出他们的名字，就像在家里和老朋友打招呼一般。"然而，随着时间的推移，这些数据渐渐被用来为食客提供更加个性化的体验。更令人惊讶的是，餐馆老板有时会利用这些信息来跟进那些好久没来的常客。

我们很容易就能看出，拥有一册简明版联络簿或任何与之功能相同的技术载体的餐馆老板，将让他们的常客感到与众不同，但你怎么才能给一个从未去过你家餐馆的人带来同样的体验呢？

想象一下，在一个陌生的城市里，你来到一家餐厅，门童竟能叫出你的名字，你在那一刻会有什么感觉？然后你坐下来，却发现派来为你服务的员工碰巧来自你的家乡（一个很远很远的地方）。那会有多奇怪啊！不过，别担心，他们靠的可不是什么第六感，这只能说明他们在你到达之前就已经用谷歌搜索过你了。比如，麦迪逊 11 号公园餐馆的领班贾斯汀·罗勒（Justin Roller）就以在每位食客抵达前用谷歌搜索他们而闻名。

他努力搜寻一切有用信息，希望能帮助他的员工为食客提供既舒适又特别的用餐体验（让食客觉得宾至如归）。"比如，罗勒如果发现今天是一对夫妇的结婚纪念日，他就会努力弄清楚这是几周年纪念……当这位领班在客人脱下外套之前就直呼其名并祝他们结婚十周年快乐时，一切花在谷歌搜索上的时间就都有回报了。"（另一位工作人员说："我们想唤起一种欢迎回家的感觉。"）评论员们如此频繁地指出，出色的客户服务是梅耶的餐厅取得成功的一大法宝，简直让我们想不注意都难。现在，至少你知道这个秘密了。

如果一家餐馆在你进门之前就用谷歌搜索了你的相关信息，你会感到烦恼吗？还是说你会因为自己能得到个性化服务而赞成这种做法？ 2010 年的一项民意调查显示，近四成的北美居民觉得这主意还不错，他们认为这能给其带来某种特殊待遇。另有 16% 的人认为这有点奇怪，但他们也勉强能接受。但是，还有 15% 的受访者认为这简直令人毛骨悚然。

提供个性化服务带来更好的体验和感觉个人隐私被侵犯之间仅有一条细微的界线。正如一位餐饮顾问在接受《纽约时报》采访时所说："如果你说，'我知道你喜欢 20 世纪 70 年代的勃艮第白葡萄酒'，那就太令人毛骨悚然了。相反，你可以问他们喜欢什么，然后引导他们选择勃艮第白葡萄酒。"

肥鸭餐厅会在谷歌上搜索食客信息的新闻一爆出来，几百单餐厅预订就立刻取消了。对于这家每天都有 3 万份预订请求的餐厅来说，这并不是什么大问题，但仍然是个本可以避免的错误。但这里的讽刺之处在于，那些北美顶级餐厅和肥鸭餐厅一样，多年来一直在用谷歌搜索顾客的信息。不过，这还不是重点。更有趣的是，北美人对此的反应明显不同于英国人。也许英国人就是更保守些吧。

肥鸭餐厅如何用"小时候的记忆"，让每个人忘不了它的食物？

许多高档餐厅的服务理念是其提供良好服务的根本保障。至少在顶层设计层面，这么做的目的是为了让人们因享受优质的服务而愿意再次光顾餐厅。记住，在食客给的差评中，服务差劲这一条年年都排第一。

显然，专业的态度很重要，美味的食物也必不可少，但个性化服务才是重中之重。毕竟，这是让用餐者感觉自己很特别的最佳途径。餐厅提供的服务越个性化，我们就越享受这种体验，越能记住食物的味道，支付的小费也越多（尽管在这方面，英国人也显然比北美人更保守）。

麦迪逊 11 号公园餐馆之类的餐厅为顾客提供的个性化服务是特别的、一次性的，可在我看来，未来的挑战是如何把这种不可复制的个性化服务产业化。因为，最终精明的老板还是希望所有的食客都能感受到与众不同，而不仅限于那些在谷歌上吸引了领班注意的幸运儿。当然了，当个性化服务变得无处不在时，它肯定会失去一些吸引力，甚至会让人觉得太矫揉造作，一点也不亲切自然，这就是一种真实存在的风险。

我还记得十多年前肥鸭餐厅的菜单上出现过一句话，大致意思就是"告诉我你是什么时候出生的，我会专程为你做一道菜"，当时的品尝菜单还可以自主选择呢。如今，这家餐厅采用了一种更加系统的个性化方式，那就是围绕怀旧这个主题。餐厅的工作人员会直接询问顾客的情况，而不再用（或者也配合着用）谷歌搜索。

从你预订成功的那一刻起（通常需提前两个月），那些在布雷上班的幕后工作人员就开始积极寻找关键信息，以便为你提供与众不同的就餐体验。上次我和妻子一起去那儿吃饭时，收到了一大堆询问我们童年生活的电子邮件。怀旧 / 讲故事的方法仍在被人采用。

将这些信息融入饮食体验的一大创举，是用餐结束时才缓缓推上来的迷你糖果屋，它的烟囱里还会吹出可爱的小烟圈，简直太神奇了！这间小房子看起来就像是华丽的玩偶之家（据说比劳斯莱斯还贵）！服务生会递给你一枚硬币，当你把硬币塞进糖果屋时（图10.3），上面的小抽屉会没有规律地不停开合，不过，最终这个奇妙的装置会突然间停下来，只留一个抽屉开着。（整个过程看起来是随机的，但实际上当然不是这样。）

然后，服务员会从打开的抽屉里拿出一袋糖果递给顾客。顾客会发现这个袋子里的几种糖果能让他们记起儿时的味道，这活生生就是现代版"糖果店里的孩子"。

肥鸭餐厅通过怀旧来提供了一种通用的个性化服务（对特定年龄

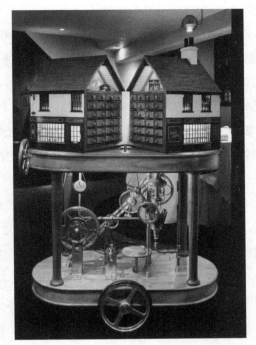

图 10.3 如果你到肥鸭餐厅用餐,就会发现一份个性化的礼物正躺在糖果屋的抽屉里等着
你呢!

的人来说是通用的,比如说 70 后、80 后、90 后等)。他们希望这段
插曲能勾起食客美好的童年情感和回忆,为他们对这一餐的记忆增添
色彩。怀旧的故事依旧在延续……

虽然目前只有高档餐厅能提供这种高水平的个性化服务,但这
种情况很快就会有所改善。已有证据表明,越来越多的主流餐厅正在
利用 Venga 、OpenTable 等各种网络平台寻找有用的"用餐者信息"
(diner-int.)。通过将客户管理和忠诚计划与餐厅的销售点终端系统相
结合的方式,员工可以追踪客户的平均消费水平、他们最喜欢的菜肴
乃至最钟爱的酒。一些顶级餐厅还会记录顾客的用手习惯,这在我们

之前已经看到过了。

Venga 系统并不便宜（目前每个卡位的月租金在 149 至 249 美元之间），但越来越多的餐厅老板认为，为客人提供这种 VIP 待遇，花点钱也是值得的。下面这句话反映出了一些人的期待："等客人走到华盛顿特区的乒乓球点心餐馆（Ping Pong Dim Sum）门前时，销售经理麦卡·菲勒（Myca Ferrer）已经相当确定他／她会点什么了。"或许这种预测软件也能帮助减少目前大多数餐厅里存在的大量食物浪费现象。

如果你正在考虑如何在自己的晚宴中为客人提供个性化服务，那为什么不先在餐桌上为客人摆好名牌呢？正如皇后党（Queen's party）的策划师所建议的那样，你可以利用这种控场技巧把大家聚集到一起。也许，这还能让你的客人更享受他们的饭菜呢！可这么做真的有效吗？那谁知道！当然，你也可以试试用谷歌搜索你不太熟悉的人。毕竟这也无伤大雅，只要他们不介意或者不知道就行了。

与厨师同桌这一理念与当代流行的饮食习惯相符。一小部分用餐者围绕着一片中央区域就座，厨师在后面准备或完善菜肴。这能让独自用餐者有东西可看，有人可聊天，还能让所有的食客看见他们的食物正在制作当中。这里可能还会融入戏剧和表演的元素，但这要取决于不同厨师的风格。至关重要的是，个性化的空间也很大。一般情况下，菜单的价格是固定的，就像纽约的米其林三星餐厅 Chef's table at Brooklyn Fare 和上海的 12 Chairs。毕竟，当食客可以直视厨师的眼睛时，很难做到不带个人情感。

个性化进餐的终极进化形式是私人厨师。虽然一般只有富豪和名人家里才请得起私人厨师，但你还是能找到几家提供这种服务的餐馆。休斯顿的福阿德（Fuad's）餐厅就是一个这样的地方。主厨约瑟夫·马什库瑞（Joseph Mashkoori）会来到你的桌前，询问你想吃什么。他可能会提出一些建议，但一定会坚持立场，——从烤大牛排到费城牛排三明治，为你做任何你想吃的东西。

无独有偶，纽约名厨杰汉格尔·梅塔（Jehangir Mehta）的餐厅"我和你"（Me and You）中也提供类似服务。餐厅网站上写着，这家餐厅承诺："为您提供独一无二的私人用餐体验。每道菜都专为适应您的口味而生，挑逗您的味蕾，勾出您的口水。"位于意大利瓦科内（Vacone）小镇的"Solo Per Due"（意大利语"只有两个人"的意思）餐厅也能提供非常私人的用餐体验，那里一次只招待两个人。

在某种程度上，这种用餐体验日益个性化的趋势似乎与品尝套餐的同时兴起是相悖的，毕竟在品尝套餐中，用餐者几乎没有选择空间。服务员可能会询问就餐者对什么过敏，是否有饮食要求，但也仅限于此。事实上，大多数情况下，用餐者唯一需要纠结的，就是是否要选择与之相配的葡萄酒（如果有的话）。可品尝套餐越来越受欢迎了，该如何解释这一现象呢？从某种意义上说，这难道不是个性化的对立面吗？

一些评论家认为，这可能与大厨和餐馆老板尽力让食客对这顿饭留下深刻印象有关。正如我们在第 9 章中看到的，用餐者吃过的菜品越多，留下"黏性记忆"的概率就越大；品尝套餐里的菜品通常比普通菜单上的菜品要多。不难想象，当每个人都在相同的时间享用相同的食物时，他们会多么强烈地感觉到自己仿佛在参加聚餐（参见第 7 章）。

从厨师的角度看，推出品尝套餐能为食客提供数量有限的当季产品，而让他们吃到餐厅最好的菜肴，有助于弥补选择的缺失。当然，也有一些愤世嫉俗的观点认为，这是从用餐者身上榨取更多金钱的另一种方式，因为品尝套餐往往价格更贵。不过，一个更积极的观点只是说，用餐者不喜欢选择的过程（因此，他们不得不放弃所有他们不能拥有的东西）。或许，这还与餐饮业中一条不成文的规则有关：越好的餐厅，提供给客人的选择就越少。

有些人会因失去选择权而生气。提姆·海沃德（Tim Hayward）[①]在《金融时报》（*Financial Time*）上写道："没有选择的菜单亵渎了就餐正义。"然而，不仅品尝套餐提供给食客的选择范围有限，从点菜服务到只供应一道菜的小餐馆，食客可选择的余地都在让你觉得不断减少。不过，从某种意义上说，这只是套餐的延伸，甚至过去在法国和其他一些欧洲国家，出去吃饭就点套餐已经非常普遍。

谈到这里，一个只给顾客提供有限选择却还长期经营、大获成功的例证，就是法国的 L'Entrecôte 连锁餐厅。这家餐厅在伦敦、纽约、波哥大（Bogotá）等地均有分店。虽然这里的甜品和饮料可以选择，但开胃菜和主菜却只有一种：先是沙拉，随后是牛排（顾客只能选择他们喜欢的烹饪方式），美味的酱汁（配方保密）和一份法式炸薯条。实际上这就等于没有选择、没有个性化服务，但是人们为了在这里吃饭，还是会排长队等位（他家不接受预订），有时一等就是一个多小时。所以，你必须问问自己，食客到底想要多少选择？

一方面，市场营销人员曾经告诉过我们，选择越多越好，但如今看来，这似乎不再正确了（如果曾经正确过的话）。人们面临太多选择时，会感到压力过大。如果你要给用餐者提供选择，7 似乎是一个神奇的数字：7 份开胃菜，7 至 10 份主菜，再来 7 份甜点。少一分就有选择太少的问题，多一分又会让用餐者难以决断。当然，对于那些希望为食客提供更多选择的餐馆来说，诀窍是将菜单分成若干部分。那分成几部分呢？你猜对了：还是建议分成 7 份。

[①]作者可能拼写有误，《金融时报》的一名专栏作者叫 Tim Harford。——译者注

有桩与英国奥美集团（Ogilvy & Mather Group）副董事长罗里·萨瑟兰（Rory Sutherland）有关的营销范例非常契合这一点：当航空公司开始限制提供折扣机票的航线数量时，却最终卖出了更多廉价机票。这似乎与合理的经济原则背道而驰。

诚然，选择越多，客人就越有可能找到他们向往的目的地，但销售数据显示的情况却恰恰相反。行为经济学家非常清楚，太多的选择确实会让我们止步不前。大概就是因为如此，最近我们才开始在纽约等地看到"调味品服务生"吧，他们的工作就是帮助你做出选择，比如说当可供选择的佐料太多，看得你眼花缭乱时，他们会直接引导你选择芥末酱或蛋黄酱。

吃东西也有所谓的"宜家效应"

你肯定遇到过这样的情况：你正在家里为朋友们准备一顿大餐，你觉得自己这次真的表现出色，食物的味道简直棒极了！你的客人一如既往地彬彬有礼，告诉你食物很好吃。但他们到底是怎么想的呢？美食物理学家来告诉你：不要相信他们怎么说，要看他们怎么做。又回到老问题了：你的客人只是出于礼貌赞扬你呢，还是因为他们没有亲自动手做，所以尝起来真的不一样？

我们自己动手制作或者组装产品时，会产生对该产品的依恋感或自豪感，从而高估其价值，市场营销人员把这种想象称为"宜家效应"。换句话说，因为你自己组装了那张木桌，它对你来说就比预先做好的那些更有价值。尽管已有大量证据表明，就家具而言，"共同创造"行为的价值会在结果显现，但我们想知道的是，你为朋友做的那顿饭是否也是如此。你是从零开始做饭，还是借助了餐具包或买了预先加工食品，对结果会产生影响吗？

挪威的研究人员已经开始着手解决这些问题了。在一系列实验中，他们让分属不同群体的参与者（放心吧，不都是学生）在厨房实验室里用餐具包做一道菜。研究人员分别记录了人们对自己做的菜和对别人做的菜的评价。

有趣的是，人们对自己做的菜（说的更好听些，是自认为自己做的）的评价，比对别人做的菜的评价高很多。尽管事实上，每个人都在品尝同样的食物（如果你非要知道的话，是印度咖喱鸡）。此外，那些需要按照包装上的说明炸肉和准备食材的人，比那些只需要搅拌和加热的人认为咖喱鸡的味道更好。换言之，厨师在做菜的过程中越投入，菜肴的味道就越好（至少对他们来说是如此）。

因此，如果你给朋友做了一顿饭，你尝到的味道可能真的跟他们不太一样；如果你是从零开始做的（而不是用预先加工过的食物糊弄），这种差别可能会更明显。而坏消息就是，你尝到的饭菜味道要比其他人更好（因为他们没有参与制作）。这意味着你在实践中应该让朋友们也到厨房来出一份力，这样一来，他们也会觉得饭菜更可口了。

为什么我们影响了上菜方式，就会觉得食物更好吃？

在这里，让我们跳转到营销人员最喜欢的研究案例——贝蒂·克罗克（Betty Crocker）蛋糕粉。这个广为流传的故事说，这种蛋糕粉在20世纪中叶上市时并未取得成功。直到某个营销主管指出产品配方应该改变、让家庭厨师在其中加个鸡蛋时，产品才有了不一样的命运。

这显然增加了烘焙蛋糕的工作量，任何理性的分析肯定都会说这是个坏主意，可蛋糕粉的销量却稳步攀升。这背后的理念是，加入鸡蛋的行为会让烘焙师投入到制作蛋糕的过程中去——也就是说，他们会觉得自己真的是在做烘焙！当然，蛋糕做好后，烘焙师很可能会觉得味道更好，因为他们在制作过程中的参与度更高——这是"宜家效应"的又一例证。

你会发现，贝蒂·克罗克的故事传遍了大江南北，甚至北美顶尖美食作家迈克尔·波伦（Michael Pollan）在他的一本畅销书中也提到过此事。这个故事听起来好得都不真实了，对吧？那是因为这本来就不是事实呀！至少从 2013 年《好胃口》（Bon Appétit）杂志上刊登的有关蛋糕粉历史的文章来看，这个故事纯属虚构。

事实证明，早在 1935 年，一家名为 P. Duff & Sons 的公司就创造出了"需要家庭烘焙师添加新鲜鸡蛋的蛋糕粉"，并取得了相关专利，注意这里要添加的不是鸡蛋粉。及至 20 世纪 50 年代，蛋糕粉（需不需要加新鲜鸡蛋都包括在内）的销售陷入停滞。真正让蛋糕粉重新焕发生机的创举不是加入鸡蛋，而是加入糖霜；也就是说，人们对定制别致的蛋糕和小圆面包的兴趣激增，才真正重振了蛋糕粉的销量。所以，贝蒂·克罗克的故事不过是一派胡言；但个性化的重要性依旧存在。

在我们结束这个话题前，我可能不得不发起一场论战了。我的辩友不是别人，正是诺贝尔奖得主、实验心理学家兼行为经济学家丹尼尔·卡尼曼（Daniel Kahneman）。他在《纽约时报》上发表了一篇文章，声援"别人做的三明治味道更好"这种说法。许多记者显然更支持这种观点，因为这篇文章已经被多家新闻媒体转载。

然而你如果追根溯源，就会发现这一论断是基于猜测做出的。至少据我所知，没有人做过相关研究。而且，鉴于我们刚刚了解的"宜家效应"，我实在没理由相信我们会更喜欢别人做的三明治。我不知道你是怎么想的，但我真觉得我自己做的三明治好吃到爆！在这点上，我并不孤单；从人们在网络论坛上发表的言论来看，似乎很多人的感觉都和我一样。你看，这里又有一项重要的美食物理学研究等着咱们去做呢！

我想用一个问题来为本小节做结：为什么一些菜可以定制而有些却不能定制？私人定制可以被看作是一种个性化的形式，其控制权仍然牢牢地掌握在消费者（或客户）手中。它应该让人感觉有动力（而不是忧心忡忡）。为顾客提供个性化定制的机会、鼓励他们装饰自己的蛋糕，正是蛋糕粉销售量回升的原因。

就饭菜而言，如果顾客对他们所选菜肴的烹饪、调味或上菜方式都有一定的发言权，从咖喱有多辣到汉堡有多好都能自己选择时，"定制化"就出现了。意大利餐厅的服务生会在你的意面上撒一些磨碎的帕尔马干酪；你去牛排餐厅就餐时会本能地伸手去拿盐或胡椒粉；这些都是"定制化"的例子。但是，我们何时才会觉得自己享有定制我们食物的权利呢？就让我用餐厅民俗史上一个"恶名昭彰"的故事来说明吧。

马可·皮耶·怀特（Marco Pierre White）是英国首位米其林三星名厨，他来自我的家乡——英格兰北部的利兹。他所著的《白热》（*White Heat*）一书是我学做饭时的启蒙教材，也是姐姐送我的 16 岁生日礼物。虽然已经过了 30 年，这本书依旧放在书架上，以便我时常翻阅。这本书里提供的柠檬挞制作方法简直让人拍案叫绝。然而，真正让这位厨师声名大噪的（或者说恶名昭彰？），是他会把要求加点盐和胡椒粉的客人赶出餐厅。

怀特说，有食客要在他的餐厅里自行调味（我们也可以说是定制）食物，这简直是对他的侮辱。调味毕竟是厨师的分内事，对吧？所以，如果一个食客想要盐和胡椒，他们什么意思都没有，就是想侮辱厨师。为什么会得出这样的结论呢？因为食客有这样的举动，就等于在暗指厨房没做好他们的工作。至少怀特厨师是这么看的。

事后想来，这件事也许就是这位恃才傲物的明星大厨脱颖而出的早期迹象，他不想再躲在那个又黑又热的后厨里，不想永远无法被人看见，更无法被食客认识。我只想说，这是今日种种现象的预演。名厨们会在餐厅前面部分开辟一间开放式厨房，于是慕名而来的食客都能看到他们的身影。换句话说，厨师就是这个秀场的明星，一切都由他们说了算，我们不都知道嘛！

尽管正是马可·皮耶·怀特的暴脾气首次把定制化问题拿到了台面上来讲，但在我看来，在美国各地的餐馆里，盐和胡椒慢慢地变得有点儿难以捉摸了。在大多数高端现代主义餐厅中，你肯定难觅它们的身影。因此，有人可能要问了，厨师不仅限制食客的选择权，还想剥夺他们定制食物的权利吗？（当然了，与此同时，顶级餐厅的老板们正在努力提高其他方面的个性化程度）

为什么我们会给牛排加胡椒，却不给甜点调味？

其实想想，我连做梦都没想过在肥鸭餐厅要盐和胡椒。"为什么不这么做呢？"我自己问自己。（我们为什么不用糖和柠檬酸来给甜点调味呢？）一方面，这是由于我们相信厨师的水平，或者更确切地说，是相信烹饪团队在厨房付出的辛勤劳动。

另一方面，这也与食物特性有关。这里的大部分菜肴都与我（我猜你也一样）以前吃过的东西截然不同，以至于我们无法确切地了解厨师的想法以及他们想要达到的目标。在这种情况下，我无法掌握评判菜肴优劣的内在标准，只知道它们很好吃。因此，就算餐厅允许我自己调味，我也不知道自己应该加点什么，更不确定我的目标是什么。

我们可以把上述情况和你自己出去吃牛排的情况做个对比。注意，我们要点的可不是普通牛排！想象一下，你刚刚在奥地利名厨沃尔夫冈·帕克位于伦敦帕克巷（Park Lane）多切斯特酒店（The Dorchester Hotel）的 Cut 餐厅里点了一份售价 140 英镑的日本神户和牛肋眼排（8 盎司①）。在这种情况下，我绝对希望别人问我牛排要几分熟、什么味道。如果我手边没有盐和胡椒粉，那就真的要搞事情了！

请注意，如果我们再点份薯条，配菜和开胃菜等，那这一餐的花费也跟肥鸭餐厅的消费差不多了。但在这种情况下，我们希望能定制自己的食物，而在肥鸭餐厅吃饭时，我们甚至完全不考虑该问题。因此，价格或者烹饪技术绝不是影响个人定制决定的全部因素。

那么，区别到底在哪儿呢？嗯，我以前吃过很多次牛排，因此会在心里设定某种我所追求的内在标准。当然，我对食物的记忆可能是不准确的（参见第 9 章），但我仍然会对其味道有个印象（至少我认为我有）。不过，只要有胡椒瓶，我就会习惯性地拿起它，随意往自己的食物里加胡椒，可事实上我都还没吃上一口呢！

我们该如何解释这种行为呢？莫不是因为通过这一简单的行为，我就让这道菜变成了我的专属（如果你愿意的话，可以进行私人订制），而这又在某种程度上让食物更好吃了（就像服务员把盘子端上来时，我们会稍稍转动一下它）。

另外，我想也有可能是我们都知道自己会特别喜欢某种口味（例如，我就知道我比其他人更偏爱辛辣的食物），而大多数食物会照顾大众的需求。因此，如果我们给食物加点料，使其符合自己的口味，

① 1 盎司约为 28.35 克。——译者注

228

就会觉得这些食物更好吃了。也就是说,也许真正的区别在于烹饪过程中食材的杂糅程度。

考虑到以上原因,对于牛排等加工程序相对较少的食物,你当然可以自己调味,这甚至是意料之中的事。但是,只要肉已经煮熟了,或者已经配上了酱汁,那么我们就没什么理由自己给这道菜调味了,尤其是当这道菜出自于名家之手时。说回肥鸭餐厅菜单上的美味佳肴,那些都是经过高度加工的食物,人们可能已经吃不出其中用到的食材是什么了;也就是说,它们已经转化成一种全新的事物。于是,在这种情况下,定制的动力就更小了,因为定制的目标都不再那么明确了。请注意,这并不等于这些餐厅完全剔除了个性化,只是其个性化元素转而体现在服务或其他方面上。

在本章结束前,让我们回到马克·皮耶·怀特大厨的问题上。他说食客无权定制他的食物,这到底对不对呢?一道菜的调味真的最好留给厨师(假设他们都是米其林星级大厨)来做吗?说到底,我们不是应该以食客为王吗?

永远不要忘记,正如我们在第 1 章中看到的,我们都生活在完全不同的味觉世界里。事实上,一旦你意识到自己的味觉、嗅觉甚至对香味的感知是多么的独特和个性化,就没什么可回首的了。

那么,以后餐厅里提供的各种食物和饮料是否会开始适应我们个人的口味呢?这恰好是未来学家预言的另一种影响深远的观点。这一学派的奠基人菲利普·托马索·马里内蒂曾写道:"我们会充分考虑每个人的性别、性格、职业和情感,创造出丰富多样的菜肴。"

如今,从 Maison Cailler 工厂生产的巧克力到杜洛儿香槟(Duval-Leroy),消费者都有机会按自己的口味定制一切产品;而意利咖啡(Illy)开发的一种新系统,则可以为客户调整咖啡的感官性状。

无论你认为自己的厨艺多么出神入化，也无论你最终要如何处理食材，我都建议你下次举办晚宴时把盐和胡椒粉放在桌上。鉴于上述种种，我相信你肯定能明白我的苦心。

作为一名美食物理学家，我想说，食客选择自己给自己的饭菜调味不应被视为对厨师的侮辱。这就是一种定制化的形式，反映出我们生活在完全不同的味觉世界里的现实。

GASTROPHYSICS

第 11 章

餐厅是怎么给美食加戏的？

"你喜欢这次体验吗?"这个问题被不同的服务生问了一遍又一遍。这一切都缘起于阿尔伯特·阿德里亚(Albert Adrià)在伦敦皇家咖啡馆(Café Royal)举行的美食活动——"大约 50 天"(About 50 days)。活动中,服务生会带着客人领略"50 天"中的不同阶段并提出上述问题。

但从何时开始,这成了问题呢?为何不问用餐者是否喜欢这些食物呢?弄清这件事的真相就是本章的主题。这是一个有关"体验产业"迅速崛起的故事,未来学家阿尔文·托夫勒在 1970 年出版的畅销书《未来冲击》中首次预言了这一点。

约瑟夫·派恩二世(B. Joseph Pine, II)和詹姆斯·H. 吉尔摩(James H. Gilmore)在菲利普·科特勒早期(1974 年)提出的有关气氛特征的想法的基础上,将"体验经济"引入了市场,这一点值得称赞。他们的观点很简单:消费者购买的不是食物和饮料,或者任何其他种类的产品或服务;相反,人们想要的是享受和分享这种"体验"。

当然,这些体验是需要多感官参与的。因此,意识到外出就餐并不是为了填饱肚子，就能明白为什么现在有那么多人想知道阿德里亚提出的问题的答案了。

环顾世界各地的美食餐厅，你会发现越来越多的厨师和餐厅老板许诺为食客提供多感官用餐体验。例如，厨师安多尼·阿杜里斯（Andoni Aduriz，现在是圣塞巴斯蒂安穆加拉茨餐厅的主厨）谈及他在阿布衣（elBulli）餐厅向费兰·阿德里亚（Ferran Adrià）学艺的经历时说道："对他来说，最重要的是体验，是食客在阿布衣餐厅吃饭时的感觉。为了创造这种体验，他会竭尽全力做好一切必要的事。"

再看看报纸上对马可·皮埃尔·怀特名下一家特许经营餐厅的描述："这家牛排餐厅于两年前开业，其网站上写着'一切都关乎体验：华丽又舒适的环境，有朋友和家人相伴，私语窃窃，气氛正好。'"

为吃货变魔术：厨师的另类高光时刻

我们将在本章中看到，餐厅菜肴的角色正从提供营养的传统载体（"restaurant"一词的原意是恢复）向艺术表达的媒介转变。餐厅正在成为舞台；一些世界顶级餐厅的服务员和厨师越来越像演员和魔术师了。先是渲染气氛，然后又是在吃饭时演戏剧、讲故事和变魔术：这真是"吃饭不止着眼于餐盘"的核心和灵魂啊。对于想在圣佩莱格里诺全球 50 佳餐厅名单上抢到一席之位的厨师来说，这种做法非常流行。

然而，也有人认为，此类名单会对厨师产生不正当影响……"正因为觉得'圣佩莱格里诺全球最佳餐厅名单的投票者会对具有强烈地域感和戏剧感的餐厅青眼有加'，丹尼尔·霍姆（Daniel Humm）和威尔·奎达拉（Will Guidara）才在纽约的麦迪逊 11 号公园餐馆设计了一整套改革方案。其中包括一份可以三选一的甜点，一块乳酪（这又进一步打压了本土膳食主义潮流）和一瓶在老式中央公园（Central Park）野餐篮里才会出现的啤酒。"

当然了，并不是人人都对此喜闻乐见。正如一位评论人士所言："如果说葡萄酒被帕克化① （Parkerized）了，那么我们还就可以说餐饮业被佩莱格里诺化（Pellegrinoed）了。"

百福餐厅（Momofuku）的主厨张大卫（David Chang）也曾如此描述过这家典型的"50强"餐厅："这家中国餐厅的老板曾师从阿德里亚、雷哲皮（Redzepi）和凯勒（Keller）。他生火做饭，厨房里的每一个物件都讲述着一个有关风土人情的故事。他有自己的农场，甚至可以在那儿徒手抓海胆。"事实上，有人认为，意识到贩卖"饮食体验"的重要性，可能正是高端餐饮界中许多当代潮流兴起的原因。

位于伊比沙岛的 Sublimotion 餐厅是目前世界上最贵的餐厅。如果你有幸订到座位了，就会发现这里的人均消费近 1 500 欧元。这样的价格，肯定不能只让食客尝尝菜单上的 20 道菜，对吧？这顿饭一定棒极了，这是必须的。但只有这些还不够。这里的潜在假设是，无论食物多么美味，食客们能心甘情愿地支付高昂的溢价，为的就是一种难忘的体验，而不只是食物本身。

开放式厨房的兴起以及"与厨师同桌"餐饮概念的日益流行，把食物的准备过程变成了一场大戏。事实上，在许多高档餐厅里，参观厨房正成为一个越来越常见的用餐环节。朱丽叶·金斯曼（Juliet Kinsman）在《星期日独立报》（*Independent on Sunday*）上写道：

---

①帕克指罗伯特·帕克（1947—），品酒大师，对葡萄酒的品评产生巨大影响。——译者注

如果你告诉餐厅老板，有一天食客们会要求看着厨师团队做菜，他们一定会脸色煞白。如今，切菜剁肉也已被摆到台面上来，菜肴的味道融入了厨师的辛劳——我们希望一边看一边吃。在巴塞罗那（Barcelona）的阿布奥西餐厅酒店（ABaC Restaurant & Hotel），刺激的感觉是通过 200 平方米的厨房直接传递到你的桌子上的，在这里你可以品尝到霍尔迪·克鲁兹（Jordi Cruz）的米其林二星级菜单（上面有 14 道菜或 21 道菜）。我敢肯定在伦敦城东的 Typing Room 餐厅里，你能看见李·威斯科特（Lee Wescott）正在往碗里倒栗蓉，以便让他的菜肴更加美味。

透过体验设计的镜头，我们甚至可以看到第 10 章中提及的食客选择减少的问题。但是，让我来告诉你，这仅仅是个开始。我们能做的还有很多，我们正在做的也越来越多。2011 年出版的一本有关餐

图 11.1　大厨杰西·邓福德·伍德用长剑削下气泡葡萄酒的盖子。在伦敦城北的 Parlour 餐厅里，一顿饭最戏剧化的开头上演了

厅设计的教科书上说，一大半餐厅看着像剧院（图 11.1）。在我看来，这个比例似乎还在逐年上升。

上菜表演：把菜品拼成名画的魔性操作

近年来，把上菜变成一种戏剧表演的趋势越来越明显了，如今更夸张，餐桌就是舞台。例如，在芝加哥的阿丽尼餐厅，有些甜点的"上桌表演"要持续几分钟之久。

有这么一道菜，服务员上菜前要先在餐桌上铺上防水桌布，然后才拿来各种酱汁和食材。接下来，一名厨师从厨房里走出来开始他的表演。他先把固态的食材打碎并拌上酱汁，这些混合物一点一点滴落下来，在桌面铺出"杰克逊·波洛克"（Jackson Pollocking）的图样，这一波操作看得食客们目瞪口呆。厨师们无疑已经练习过许多次了，他们设法以高超的技巧把甜点涂抹在桌子上。

无独有偶，上海的 Sublimotion 餐厅也上演着类似的表演，"服务员端出来各色食材，并用其在桌子上绘制出一幅古斯塔夫·克里姆特（Gustav Klimt）的画作——《吻》（*The Kiss*）。"待到厨师们完成创作，食客们就能直接在餐桌上大快朵颐啦！

与此同时，在离家更近的地方，位于伦敦北部肯萨尔赖斯（Kensal Rise）地区的 Parlour 餐厅里，与我合作过的厨师杰西·邓福德·伍德，也以戏剧般地直接将甜品摆到餐桌（藏在厨房和餐厅之间的壁龛里）上而闻名。这位大厨挥舞着一件危险的武器：火枪！每位用餐者手上都会拿到一副耳机，其中播放着经过特别挑选的人们耳熟能详的音乐，厨师希望借此引发食客的情绪反应。

我上次去那儿的时候，最先播放的音乐是《2001：太空漫游》

（*2001 A Space Odyssey*）的主题曲，紧接着是吉恩·怀尔德（Gene Wilder）演唱的《查理和巧克力工厂》（*Willy Wonka and the Chocolate Factory*）里面的一首歌。

后来，裹挟着香气的烟雾从一个墙洞里喷了出来——换句话说，这可是一次真正的多感官体验之旅。鉴于厨师本人在工作时所听的音乐与就餐者相同，表演如何上菜就显得特别有趣了。餐桌旁的每个人都被这一足够私密又兼具共享性的声音体验给联系起来了。

当然了，凡事总有做过头的风险：例如，斯蒂芬·斯皮尔伯格（Steven Spielberg）在洛杉矶（Los Angeles）开的潜艇主题餐厅 Dive。据去过的人说，那里的灯光非常诡异。墙上有一排显示器在不停地闪烁，放映着以潜艇为主题的电影片段。食客坐在里面到底会经历些什么呢？一位评论员如是说："所有的灯光都会周期性地熄灭，只余光线强烈的红灯在呼啸闪烁，同时扬声器一直在叫嚣着'潜水！潜水！'"听起来都觉得紧张，对吧？也许刺激过头了？反正那家餐馆关门大吉了。

还有一种提供令人难忘的用餐体验的方法，就是在最引人注目或最不寻常的地方用餐。一说到这里，马尔代夫（Maldives）的海底餐厅或布鲁塞尔（Brussels）的"空中餐厅"（Dinner in the Sky）就浮现在脑海中了（图 11.2）。

另一家不那么另类但同样成功的空中餐厅，是伊莱克斯立方（The Electrolux Cube）。这一全透明的建筑坐落在伦敦南岸的皇家节庆大厅（Royal Festival Hall）。房顶上，一群米其林星级英国大厨突然出现在那里，为 18 位客人提供服务。当你一边吃饭一边将大美景色尽收眼底，"怅寥廓，问苍茫大地，谁主沉浮"时，这种用餐体验肯定是比一般的饮食活动要好的。

如今，欧洲的许多风景名胜中都有这家餐厅的身影：比如在瑞典

马尔代夫港丽岛（Conrad Maldives Rangali Island ）的伊萨海底餐厅（Ithaa Undersea Restaurant ）位于海平面 5 米以下，于 2005 年 4 月开业，可容纳 14 名就餐者

"空中餐厅"：这些用餐者在离地几十米的高空享受着独特的美食体验。有人说，这场体验无关食物

图 11.2　两个餐厅

首都斯德哥尔摩的皇家大剧院（Royal Opera House）屋顶，你可以坐在餐厅里俯瞰米兰大教堂广场（Piazza del Duomo in Milan）。布鲁塞尔也有这么一家餐厅。这家餐厅的成功，一定程度上与产品稀缺有关。目前，稀缺性已在餐饮业中受到了高度重视。

你想光顾一家氛围会随着每道菜的变化而变化的餐厅吗？顶级厨师会烧很多钱，利用技术做到这一点。而预算不足的其他厨师则另辟蹊径，让食客从一个房间换到另一个房间以品尝不同的菜肴，设法达到同样的效果。

大厨格兰特·阿卡兹在考虑改善阿丽尼餐厅带给食客的体验时曾说道："我们或许可以让食客在一个空间里品尝部分菜肴，而后再转移到另一个环境中品尝其他菜肴，那里的格局、设计元素、灯光甚至是香气都与前者完全不同。"毫无疑问，我们如今越来越多地看到，用餐体验正朝着更有活力和更加刺激的方向变化（通常是由科技推动的），比如说讲故事，加上点表演成分——哦，可能还得加一点魔法。

所以，欢迎来到体验式餐饮的全新世界。在这里，我们不仅是在讨论如何改变灯光的颜色、如何挑选音乐或音景（声音景观）来搭配每一道菜。我们已经见过一些利用环境香气来让菜品变得更具吸引力的例证了（见第 2 章）。一些厨师，比如伊比沙岛硬石酒店（Hard Rock Hotel）的巴哥·龙赛罗（Paco Roncero），则走得更远：他们甚至把自家餐厅的氛围（比如，温度和湿度）玩得炉火纯青。

下一代体验供应商的目标是通过优化"其他一切因素"，让一个已经很棒的产品变得更好，而不是分散人们对糟糕产品的注意力。那些真正处于食物链顶端的厨师（米其林二星级、三星级厨师，以及年复一年出现在圣佩莱格里诺全球 50 佳餐厅名单上的厨师）不断在该领域创新；他们中的一些人已经意识到，无论餐盘里的食物有多好吃，除非他们能控制好"其他一切因素"，否则就真的别指望能为用餐者优化饮食体验。

当然了，如前所述，有的人也可以从另一个角度看问题并提示道，这些厨师专注于"餐盘之外的东西",是因为他们知道圣佩莱格里诺名单的评委看重的就是这些。正如一位评论人士所说:"厨师们会思考这份名单的审美偏好和方法论上缺陷,而后去迎合它。"

大厨们对这一点非常清楚:上海紫外光餐厅的法国大厨保罗·派雷特坚持认为,在每一道菜的基础上改变多感官氛围的目标是"强化食客对食物的关注,而不是分散其注意力"。

他还曾说过:"你无法忽略我想传达的信息。每件事都会让你对这道菜产生强烈的关注"。那些未来主义餐厅墙壁和桌子上的高科技投影仪,无疑会允许更多戏剧性和故事性元素的存在,要让食客把注意力或兴趣集中到 15 ~ 20 道菜的菜单上,这些元素的作用可就大了。

如果你想知道接下来会发生什么,且看看这位有幸在紫外光餐厅吃饭的记者是如何描述的:"一份冷冻后被切成薄片的苹果芥末雪葩拉开了晚餐的序幕。墙上出现了一座哥特式修道院,空气中弥漫着圣香的气味,'地狱钟声'震耳欲聋。"

与此同时,有人将其在 Sublimotion 餐厅度过的一晚描述为:"有感染力的'感官剧场'……美食、调酒和科技之夜。"紫外光餐厅于 2012 年 5 月开业,引起了世界媒体的极大兴趣。它标榜自己是首家汇集最新科技、创造完全沉浸式多感官用餐体验的餐厅。

其他不受任何规则限制的美食活动还包括 Gelinaz 晚宴。筵席上的美食由世界顶级厨师现场制作,上菜间隙还穿插着音乐、舞蹈、魔术和视频节目。鉴于这场宴会可能持续 8 个小时以上,举办些其他活动倒也无妨。近年来,西班牙罗卡之家餐厅(The El Celler de Can Roca)常常高居全球 50 佳餐厅的榜首。

早在 2013 年 5 月,厨师们(罗卡兄弟)就与音乐指挥家祖宾·梅塔(Zubin Mehta)和视觉动画设计大师法兰克·阿雷屋(Franc Aleu)

合作,创作了一部以 12 道菜为主题的精彩绝伦的美食影片,叫做《梦》
(*El Somni*)。

在巴塞罗那一个专门设计的圆形大厅里,这场独一无二的晚宴专
为 12 位精心挑选出来的客人举行。毫不夸张地说,这绝对是一生只
有一次的体验! 一套令人惊叹的音响系统专为这次活动准备,具有极
强视觉冲击力的投影仪环绕在用餐者周围——花费几何都无所谓了。

说实在的,我都不敢去想这场晚宴花了多少钱。即便食客支付
了很多很多钱(实际上他们并没有),举办方都不可能不赔钱。不过,
我猜这一活动吸引了大量的国际宣传,因此对许多品牌赞助商来说,
花许多钱可能还是很值得的。

怎么用音乐给每道菜立"人设"?

试想一下,你的甜点正从厨房里端出来,与此同时,一位大提琴
演奏家坐在你身旁演奏着一段特别为此谱写的乐曲或拨动着一段持续
的和弦,你会不会更喜欢这份甜品呢? 至少,这会是一段相当独特的
经历,对吧?

在吃饭时演奏音乐当然不是什么新鲜事,回溯到遥远的 16 世纪
中期,你会发现食桌音乐(Tafel-musik)就是专为宴会和其他特殊用
餐场合而创作的。到如今,作曲家、艺术家和声音设计师又一次接受
了专为用餐者设计音乐的挑战。虽然从某种意义上说,食桌音乐本就
是为这些场合而作的,但现在的音乐设计要与食物本身相匹配。

有些人可能会好奇,越来越多的餐厅里播放的用于烘托气氛的背
景音乐对人们的饮食体验会有什么影响呢? 你可能想知道它是否会影
响食物的味道,是否会让你更享受整个体验。注意,我们谈论的不仅

仅是高档餐厅的美食，还包括当地的美食酒吧。在前面的章节中，我们已经看到如何利用大海的声音让牡蛎变得更美味。

"调料迷"这个多感官体验设计团队进行的后续研究表明，播放英国的《夏日时光》可以增强草莓的果味和新鲜度。把这一证据和有关声波调味料的文献放在一起，就能明显看出用餐者听到的内容会影响其对食物的感官分辨力（即这东西是什么）和享受度评级（你有多喜欢它）。因此，我们更有理由去努力把事情做对。

一旦你开始考虑设计音乐或音景来给某道菜（或者某顿饭）加点料，一个有趣的挑战就会冒出来，那就是每段音乐的结构和时长可能都会与传统音乐大相径庭。事实上，比起最受欢迎的 40 首热门音乐，专为某顿饭、某道菜创作的音乐可能更类似于人们为电子游戏设计的背景音乐。理想情况下，这种音乐应该有点儿重复，能在一段时间内保持一致，但是随着用餐者由一道菜转向下一道菜，它也应当无缝衔接。

这正是音响设计师霍杰明（Ben Houge）在他设计的创新型音响设备中所追求的目标。例如，2012 年时，霍杰明和大厨杰森·邦德（Jason Bond）合作，在马萨诸塞州坎布里奇市的 Bondir 餐厅为食客们提供服务。每张餐桌上都为每位顾客准备了一个扬声器，这就产生了总共 30 个相互协调、实时播放、系统安排、在空间内合理部署的声音频道，即使不同的用餐者在不同的时间到达，这些声音也能发挥作用。

按故事情节推进的美食

2012 年，《纽约时报》上刊登的一篇文章称："如今的世界顶级餐厅——如哥本哈根的诺玛酒店、芝加哥的阿丽尼餐厅、西班牙的穆加拉茨餐厅和阿萨克餐厅，都把烹饪作为一种抽象艺术或体验性的故事来贩卖。"一个很好的例子是肥鸭餐厅里的许多菜肴都体现了《爱丽丝梦游仙境》（*Alice in Wonderland*）的主题——"疯帽子的茶话会"（Mad Hatter's Tea Party）这道菜更是直接从路易斯·卡罗尔（Lewis Carroll）的书里搬来的。

2015 年末，肥鸭餐厅重新装修开业后，布鲁门撒尔找来电影《跳出我天地》（*Billy Elliot*）的编剧李·霍尔（Lee Hall），请他帮忙把菜单编成故事，这意味着"肥鸭餐厅的菜单将成为一个故事，它会有一篇引言和若干章节，章节标题会提示你接下来将发生什么"。可这位顶级大厨并没有止步于此。他一直跟媒体讲，想重新定义肥鸭餐厅的本质。他常常强调餐厅的叙事性："事实上，肥鸭餐厅讲述的是一个又一个的故事。我想用这些语言来思考我们做事情的整套方法。"

所有这些都解释了为什么大厨约瑟夫·优素福决定把他在"美食物理学"理念影响下设计菜肴的细节写进书中，并大大咧咧地把书放在餐桌上。与此同时，在阿丽尼餐厅，大厨格兰特·阿卡兹一直在想，如果人们在他的餐厅吃饭就像置身于一出戏剧中，那又会发生什么变化呢？

餐桌上的魔术也越来越多了。例如，纽约的麦迪逊 11 号公园餐馆一直考虑在甜品服务中推出一种纸牌魔术。布鲁门撒尔一边与魔术师商讨，一边在试验一种燃烧的冰沙，只需服务员的手指点一下，这种冰沙就会被点燃。

一位记者说："布鲁门撒尔和一位魔术师共同创造了这款沙冰。只要服务员的手指轻点，藏在隔间里的一碗大麦冰沙就会燃烧起来。虽然其表面变暖了，可内里依然冰凉一片。当火苗在冰沙周围噼啪作响时，混合着威士忌和皮革气息的蒸汽就会滚滚而来，正好带你去苏格兰的狩猎小屋里过圣诞。"令人难以置信的是，据传这些碗每只价值 1 000 英镑。

从"魔法森林"到"宇宙飞船"：怎么把一顿饭吃到开挂？

为什么总是吃了饭再看表演？为什么不干脆把两者结合起来，边看表演边吃饭，或者从某种意义上说，晚餐在哪里，表演就在哪里呢？玛德琳在哥本哈根 Madteater 餐厅举办的餐饮活动通常被称为"自由的美食体验剧场"。

一位记者朋友描述道："这是一种需要用五种感官来体验的艺术，是这座城里最令人满意的表演。Madteater 翻译过来就是美食剧院，这家餐厅没有辱没它的名号……吃饭变成了表演。在一家既是歌剧院、画廊，又是心理医生办公室的餐厅里，我感觉自己既是用餐者，又是

图 11.3　巴塞罗那的"票吧"（The Tickets Bar），费伦兄弟和阿尔伯特·阿德里亚最近合作的项目

演员和观众。这种体验很奇怪。这里的食物很美味。"

当你走过如图 11.3 所示的店面时，你会认为它是什么？它看起来有点像剧院，对吧？但这实际上是一个小吃吧！有人描述说："这里的气氛很像剧院和马戏团，会让人联想到《查理和巧克力工厂》。在这里，厨师们在不同的工位上辛勤工作，服务员们像剧院的引导员一样昂首阔步，每一口食物的味道都带着杂耍表演的光环和神秘而来。"所以，随着用餐活动的戏剧性、娱乐性的增加，餐厅看起来像剧院也就是很自然的事了。

除此之外，人们可能还会考虑出售这种美食表演的门票。事实上，美国大厨格兰特·阿卡兹就打算在阿丽尼餐厅做下这种尝试。想去那儿吃饭的人可以在网站上提前买票。就像剧院（以及航空公司）一样，非高峰时段的演出／就餐费用较低。因此，周一午餐时间的座位就比周六晚上黄金时段的座位要便宜。这种理念非常有趣，所以其他餐厅及一些突然冒出来的餐饮活动纷纷效仿类似模式也就不足为奇了。例如，紫外光餐厅的网站就鼓励你"现在预定座位"。

未来几年里，我们将亲眼看到戏剧和烹饪体验之间的界限日渐模糊。以极具创新精神的 Punchdrunk 剧团为例。他们创作的《不眠之夜》（Sleep No More）仍在我的脑海中栩栩如生，相信其他观众也有同感。这部剧是对莎士比亚《麦克白》（Macbeth）的多层次演绎，演出场地设置在纽约市的一个废弃仓库里。这是一种与众不同的沉浸式戏剧体验。因而，当越来越多的演员、歌手和魔术师走进餐厅时，问题也随之而来了：如果把沉浸式戏剧之类的东西和多感官餐饮混搭起来，会出现什么样的结果呢？

好吧，你会提到这点很有趣，因为 Punchdrunk 剧团的导演开了一家餐厅。据创始人菲利克斯·巴雷特（Felix Barrett）说，他们最初为餐厅设计了一个独特的故事，还配了 12 名演员。然而，当这一想法付诸实践时，却感觉"人们还没有准备好在吃饭的时候看戏。他认为，价格也是一个制约因素。因此，现在餐饮活动中的戏剧性佐餐物更少、更不正式了"。

或许是因为我碰巧娶了个哥伦比亚人，所以我这么认为，但真的没什么能比得上安德烈斯烤肉店（Andrés Carne de Res）了。这家餐厅位于波哥大（Bogotá）郊区，餐桌散落在杂乱无章的各式小木屋中，演员、音乐家、魔术师以及许多其他表演者随意地穿梭于各张餐桌旁。对不起，这是我能做的最好的形容了。你真的需要亲自去体验一下。不过，最好晚上再去，食物上桌后，餐桌就变成了即兴的舞池。

比起利用科技手段在同一空间内创造不同氛围，带领人们穿越不同空间可能是一种低技术门槛、低成本的提供体验式餐饮的方法。毕竟，并不是每个人都能像保罗·派雷特、巴哥·龙赛罗或罗卡兄弟等明星厨师一样，能获得充足的资金和技术支持！降低提供多感官体验的成本，也就提供了一个使之得以扩展的机会。

Gingerlines 团队在伦敦"味道小屋"的体验，是运用低技术含量手段的一个例子。用餐体验小组会品尝 4 ~ 5 道菜，每道菜都在不同的房间里提供，用餐者在每间房里都会获得截然不同的戏剧化体验。

这家沉浸式餐饮企业的创始人苏斯·芒福德（Suz Mountford）说："客人们完全不知道该期待什么，从魔法森林到宇宙飞船，再到日落海滩，他们可以开启任何旅程，一路上会遇到各种疯狂的角色……我们一直希望将用餐体验牢牢地塑造为一个创意空间，以便其不仅能刺激味蕾，还能刺激所有感官。"演员、舞者和表演者都是体验的一部分。

说起餐桌上的壮观景象，就不得不提 1783 年 2 月在巴黎举行的那场空前盛大的宴会。亚历山大·巴尔萨泽·劳伦特·格里莫·德·拉·瑞尼耶（Alexandre Balthazar Laurent Grimod de la Reynière）是一位富有的包税人之子，也是路易十六（Louis XVI）手下的一位大臣的侄子，他举办了一场盛大的宴会，数百名旁观者在走廊目睹了全过程——热情好客在这里变成了某种戏剧表演。宴会的请柬以通告的形式发出。让我们来看看下面的描述：

> 就像是一场共济会的晚宴，与同时代的人相比，格里莫的晚餐大量使用了神秘的仪式和半民主式的矫饰……客人们必须走过门廊和一连串的房间才能抵达昏暗的等候室和餐厅内室。
>
> 在头一间屋子里，穿着罗马长袍的传令官先检查客人们的请柬；在下一间屋子里，一名全副武装、戴着头盔的"怪异僧人"对他们进行二次检查；在入会仪式的最后阶段，两个装扮成唱诗班男孩的雇工为客人们熏香。

这场盛宴远远超前于它的时代，并值得我们铭记至今。你甚至可以把它称为一件以食物为主题的行为艺术作品——这可是近 250 年前的作品！

作妖聚餐：用手术刀切肉，用试管喝酒

回顾过去的半个多世纪，你会发现许多行为艺术家将做菜或吃饭的元素融入到了他们的作品中。这一想法最早是由未来主义者提出的，他们"致力于把艺术与烹饪结合起来，将餐饮变成一种行为艺术"。但是在这一领域里出现了很多新例子，以美国实验艺术家艾

图 11.4　艾莉森·诺尔斯的作品——"做沙拉"：这是一件包含食物元素（通常可供数百人享用）的参与式行为艺术作品

莉森·诺尔斯（Alison Knowles）为例，她让 300 人在伦敦泰特现代美术馆（Tate Modern in London）边听莫扎特（Mozart）的音乐边吃沙拉（图 11.4）。

　　这项"做沙拉"的参与性活动起源于 20 世纪 60 年代艺术家们共同发起的"激流运动"（Fluxus movement）。这项活动用到了一致性的概念——我们将在最后一章谈论这个主题。这位艺术家自己说："这道沙拉还将为数百名观众再做一次……活动开始时出现的是莫扎特的大提琴和小提琴二重奏，然后就进入了艺术家制作沙拉、观众品尝沙拉的环节。莫扎特总是相同的，可沙拉总是不同的。"

　　然而，没有谁的经历会比 1969 年参加芭芭拉·史密斯（Barbara Smith）的 6 道菜仪式餐（Ritual Meal）的 16 位客人更悲惨了。表演一开始就让受邀者在别人家门口等了一个小时。一个声音从扩音器里传来，反复对他们说着："请等一等，请等一等。"好不容易熬到被放进餐厅，客人们又沉浸在一个到处都回响着巨大心跳声的空间里。墙壁上和天花板上的投影播放的是手术视频。如果这听起来已经够糟糕了，那就再看看接下来发生了什么吧：

8 名服务员（4 名穿着外科手术服、戴着口罩的男人和 4 名戴着口罩、穿着黑色紧身衣的女人）把他们领到一张桌子前。进房间前，客人们必须穿上外科手术服……然后，一些没见过的饭菜被端到他们面前。

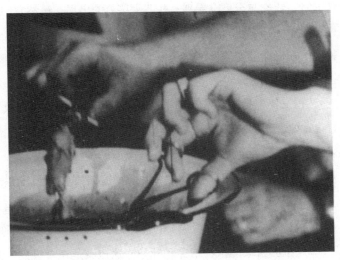

图 11.5　芭芭拉·史密斯的仪式餐（1969）。看完还会觉得饿吗？

为了与"外科"的主题保持一致，外科手术器械就是餐具。切肉得用手术刀，装在试管里的葡萄酒就像是血液或尿液。在这种高度紧张的氛围中，普通的食物具有了不普通的内涵，史密斯通过食物的烹饪和出品过程来加强这种效果。水果泥装在血浆瓶里。晚餐中还包括生的鸡蛋、鸡肝等必须在餐桌上烹煮的食材，连同几盘放了胡椒粉的白软干酪（看起来活像个器官）。

尽管食物真的很好，但这种用餐体验让客人们非常不舒服，他们无法放下装着葡萄酒的试管，有时还不得不用手吃饭。你可以通过一张参与表演者的手部特写来想象当时的情境（图 11.5）。

食物是艺术吗？传统意义上的答案肯定是否定的，用维特根斯坦（Wittgenstein）的话来说，关键的区别在于观众或用餐者并不"公正"。然而，很明显，厨师们从艺术界中汲取了越来越多的灵感，有些厨师甚至自称为"艺术家"。当然了，当我们不再认为外出就餐只是为了补充营养时，我们甚至可以看到一些艺术菜肴的出现，虽然它们的味道不一定有多好。类似的事情已经开始发生了！

就拿圣塞巴斯蒂安的穆加拉茨餐厅的最新菜单来说吧。厨师明知道有一道菜（记住，只有一道）会让用餐者很难消受（当地的一种美味鱼干），但又不能撤掉，因为这道菜在这片乡村地区的美食故事中扮演着很重要的角色。尽管一些食客在网上对此发表了负面评论，可这道菜仍然出现在菜单上。

大厨安多尼·阿杜里斯在他的书中解释道："在穆加拉茨餐厅不断前行的某个关键时刻，我们突然意识到，我们提供的某些东西客观上并不够'好'，但它们拥有着强大的情感力量。例如，'一枝一叶总关情'（即烤生鲜蔬菜配植物嫩芽和叶子）这道菜是在食客发生意识改变的状态下被吃进去的……植物的苦味很难去除，这一点无疑会让人觉得有点不舒服。"

食物是否可以被视为一种艺术形式？厨师（至少最好的厨师）是否应该被视为艺术家？非要就这个问题说出个子丑寅卯来，可能会引发一场持续不断的论战。这个问题我当然不准备在这里解决，它也不是一两段话就能说清的。无论这么说是否可取，我都认为将顶级厨师视为艺术家会变成一件自然而然的事。在不久的将来，我们反而会好奇为什么我们以前没有这样做呢！

体验式用餐的未来之路

你们中的任何一个人都很难想象，将来外出用餐的体验会与过去有什么不同，请记住，众所周知，餐厅实际上是一项相当现代的发明，最早出现在 17 世纪下半叶和 18 世纪早期的巴黎。现在也许是时候更新餐厅的模式了，不过，一种不那么激进的思考方式或许就是琢磨不同类型餐厅的供应和价格正在发生的变化。研究人员分析了这种情况，大致将餐厅分为三类：特别宴会厅（在这里用餐已经升级为一种不同寻常的大事）、娱乐餐厅和快餐店。多感官体验用餐的兴起，可能会以牺牲后者为代价，扩展前两类。

对此安心还是害怕，都取决于你的态度。不久以后，无论是在连锁餐厅、酒店、食品和葡萄酒商店，还是在家里，甚至是在飞机上，某些多感官体验线索会伴随着我们的许多日常饮食体验而出现。我希望能有位美食物理学家科学地设计出这些氛围刺激，以调节并强化品尝体验的某个方面或某些方面。鉴于我们对用餐者大脑极限的了解，对多感官体验设计感兴趣的美食物理学家已经做好准备了，他们能帮助厨师提供既令人兴奋又令人难忘的体验。

人们也越来越有兴趣从单纯的"吃的娱乐"向"寓教于乐"转变，赫斯顿在伦敦为食客提供的晚宴就是一个例子。在这家餐厅里，每道菜背后的故事都与英国的食物历史有关。厨师约瑟夫·优素福在"厨房原理"创作的"墨西哥"主题菜单中也包含了许多故事。以"鹿肉之舞"（The Venison Dance）这道菜为例，一段墨西哥国家芭蕾舞团（State Ballet of Mexico）表演的舞蹈短片会为其作序。"瓦哈卡记忆"（Memories of Oaxaca）也是这一主题套餐中的一部分，它还配有一段视频，用于将用餐者引入情境。

最后，强调下主题餐厅面临的主要挑战也很重要。由于用餐者第二次光顾一家餐厅时就会知道接下来要发生什么，那些想要上演"与众不同体验"的人就必须不断创作来更新"体验"。

正如纽约餐饮大亨丹尼·梅耶所指出的那样："表演技巧可能是一项难度很高的追求……因为它取得的戏剧效果越强，你就越有可能再也看不到那出戏了。"不过，换个角度看（参见第 9 章），知道我们要吃什么也会给我们带来安慰。

GASTROPHYSICS

第 12 章

在数字化的世界里吃到嗨

如果你发现你的鸡尾酒或者晚餐是机器人做的，你还会觉得它们一样美味吗？你会听凭机器人厨师为你烹调食物吗？这有点不真实？你觉得由机器人为你服务如何呢？这听起来像科幻小说，对吧？可是这些事情已经成为现实，尽管迄今为止这样的数字化餐厅还没有几家。你喜欢也好，不喜欢也罢，大量的数字技术已经与我们的日常饮食体验越来越紧密地交织在一起了。

如今，数字菜单可以把你的订单直接发送到酒吧或厨房。必胜客甚至在尝试一种"潜意识"菜单，据说这种菜单可以在你一言不发的情况下神奇地读懂你的心思，指出你最想在披萨上放的三种配料。当顾客浏览数字化显示选项时，菜单会跟踪他们的眼球运动。

假如你碰巧不喜欢你的潜意识做出的选择，也不用担心，因为你还可以盯着重启按钮，重新选择一遍！不过，我不得不说，这个例子多少有点营销噱头的味道，并不是对未来餐厅前景的一种认真尝试。不过，再看看别处，还有人在报纸头条上谈到《星际迷航》中的"复制器"呢，它可以在 30 秒内复制出任何食物。

很快就没有必要再吃糖了。至少，如果你知道声波调味料领域的最新研究成果，就会认同这种观点了。我们很多人随身携带的移动设备都可以提供这种调味料。事实上，在不久的将来，数字化产品很可能会成为我们多感官饮食体验中不可或缺的一部分。一些世界顶级现代主义餐厅或酒吧可能会最先使用这些新技术。但在那之后，连锁餐厅离自己家引入数字技术也不过几步之遥。此外，许多国家餐饮企业也想在该领域分一杯羹。所以，让我们言归正传，去看看未来的数字化餐饮会是什么样子，探究下是谁，或者说应该是谁在推进这些事。

3D 食品打印机就是未来的微波炉吗？

通过读报纸，你可能很容易相信 3D 食品打印机将成为家家户户厨房里必备的新工具。如果你还没有听说过 "Foodini""Bocusini"，通俗点说，三维系统公司（3D Systems）出品的 "ChefJet Pro" 3D 打印机，只能说你没用过它们。厨师们现在会使用 3D 打印机来制作他们从未见过的食物，从而给食客留下深刻的印象（图 12.1 展示了 3D 食品打印的一个完美范例）。那么，3D 食品打印机真的会成为未来的微波炉吗？

显然，让你们相信这一点对制造商来说最有利，但我实在不敢苟同。我并不是认为它们没用，我只是觉得它们只会出现在一些高档现代主义餐厅和食品创新中心里，而不会走入寻常百姓家（我之前的预测是 3D 食品打印机会首先在现代主义厨房和餐厅出现，然后其使用范围渐渐扩大，最终本地餐厅甚至是自己家也会用上这种工具。）

厨师帕科·佩雷斯（Paco Perez）显然对 3D 食品打印非常着迷。他自己的餐厅 La Enoteca 位于巴塞罗那艺术酒店（Hotel Arts），那儿

图 12.1 "凯撒的生命之花"（Caesar's Flower of Life）：用 3d 打印技术打印出的调味面包，其状如"生命之花"①，配以多种鲜花和蔬菜。这顿兼容并蓄的八道菜晚餐使用了新鲜的天然食材，由 Flow Focus 3D 打印机制作完成，同时借鉴了分子美食界的新型多感官技术

有一台 3D 食品打印机，他用其创造出人力无法做出来的食物形式（例如，对著名建筑物的复制）。我还对新推出的一款喷绘机很感兴趣，它可以让咖啡师创作出令人惊叹的拉花作品（例如，名人肖像）。

霍马鲁·坎图（Homaru Cantu）会为其位于芝加哥的 Moto 餐厅打印可食用菜单，并因此名声大噪，只可惜他于几年前英年早逝。这位富有创造力的厨师改造了一台普通打印机，从而实现了这一切。2013 年 5 月，美国宇航局（NASA）与他签订了一份为期 6 个月的第一阶段研究合同，旨在开发能够将耐储藏的主要营养素、微量元素和各种香料结合起来的印刷技术，以便为长期太空任务提供个性化食品。

当坎图接受媒体采访，提到未来可以在太空中利用 3D 打印技术制作披萨时，人们都兴奋不已。然而，当这件事被曝光时，美国宇航局非常生气。该领域的一些工作人员认为，所有这些新闻报道严重贬低了（或让人们不再关注）为长途太空飞行供应足够粮食的严肃科学。

———————————
① "生命之花"是古埃及神秘学派的核心，是一个无所不包的几何符号。——译者注

难怪宇航局没有为坎图继续提供下一个阶段的项目资金。

目前，每台商用食品打印机的价格接近 1 000 美元，这对普通家庭来说还是太贵了。随着时间的推移，科技的发展，其价格可能会降下来。但即便是生产商白送，我也很纳闷谁会蠢到把这东西搬回自家厨房。你肯定很纳闷我为什么突然变得如此不客气，好吧，那你可以先问问自己，打印一小块完全成形的食物实际上需要多长时间。

我猜测，如果你想邀请所有的朋友来家里吃饭，可能提前好几天就得开始准备完全体现你个人特质的意大利面图形。所以，当你用自己的厨房新宠自力更生的时候，别忘了我们还有那些叫做"商店"的神奇东西。如果你真的很想要一台食品打印机，就得问问自己，每次用完你那闪亮的厨房新用具后，谁来把每一根管子都清洗干净呢？你可能还会好奇电费会上涨多少。所以，我再问你一次，这真的值得吗？

3D 打印食品确实十分新奇，但它们能带来什么新的饮食体验吗？有独特的卖点吗？这台机器能让你做到的你原本做不到的事究竟是什么？在炒作达到顶峰的几年内，即使 3D 食品打印机的销量由于某些未知原因而逐步回升，但我猜你依然会发现这些可怜的设备最终被打入冷宫，孤零零地在碗柜后面落满尘埃。它们的处境终将与家用面包机和食品处理器一样，而这些都是近几十年来必不可少的厨房电器。

然而，我可以设想出这样一款巧克力：它形状完美，能够紧贴人类舌头的轮廓，其味道比目前市面上任何一种其他糖果都更浓郁。一块巧克力同时调动了你所有的味蕾，而一旦它的完美形状得以确定（假设有的话），我们就可以对工业生产线进行重新调整，以便大规模生产。

如果你相信我说的，我们短时间内无法在家吃到利用 3D 技术打印的晚餐，那我们还能在哪里感受到数字技术对餐饮体验的入侵呢？接下来的这项技术你们中的许多人已经遇到过了，即电子菜单。

AR 技术如何把你带到火星吃蛋糕?

这个问题的答案我也不知道,但确实有越来越多的时髦高端酒吧和餐馆里用到了电子菜单。现在,这应该是有意义的,至少理论上如此,对吧?好歹再也不用担心服务员在点菜时因没有及时记录而忘记什么东西了。根据葡萄酒年份的变化,电子菜单几乎还能实时更新列表。这至少可以解决我最讨厌的一类问题:餐厅的酒水单上有一瓶年份较好的葡萄酒,但店员常常在没有告知你(并希望你愿意为其支付同等价格)的情况下,就拿出一瓶年份较新的酒(一般品质稍差),因为他们的好酒已经卖光了。

另外,从理论上讲,电子菜单可以让餐馆老板或酒吧老板将季节性限定的菜肴或饮料添加到菜单中,这样他们就可以不要小黑板了——你知道的,就是那张上面写满了每日特色菜的黑板。

如果你跟我有点像,就会觉得这事怎么看都有点别扭。也许因为我不是千禧一代,但我不得不说,当有人坚持让我用电子菜单点菜时,我的饮食体验就会莫名其妙地减弱。为什么会这样呢?恐怕有以下几个原因:一方面,记住"用餐是一项基本的社交活动"非常重要(参见第 7 章)。我们去餐厅或酒吧的一个原因是为了与工作人员互动。

丹尼·梅耶是当代最成功的餐饮大亨,他说的一段话佐证了这一点:"尽管与高科技领域的合作加深,餐饮业仍将是一个需要亲身参与的、与他人高度接触的人本行业。握手,微笑,看着人们的眼睛诚挚欢迎他们的到来,这一切都无可替代。热情好客可不像小器物,你无法在流水线上生产它。"

关于这一点,谁也没有两全之策:数字化菜单从社会交往中抽离了出来,创造出一种交易性更强的体验。有些人会说,用数字化菜单下单毫无温情可言。就我个人而言，我很高兴看到餐馆和酒吧老板幡然悔悟，纷纷摒弃他们的数字化菜单。依我看，其实早该如此。唯一能用得上数字化菜单的地方，就是那些任何人都希望交易做到快速又高效的场所，比如在机场匆匆吃点东西的时候。

　　另一个问题是，大多数数字化菜单看起来与纸质版别无二致。这又是为什么呢？数字化的确为我们提供了做出根本改变的机会。如果让芝加哥的格兰特·阿卡兹，或者西班牙的胡安·马丽亚·阿尔札克（Juan Maria Arzak）之类的现代派大厨给你一份数字化菜单，你便知道它绝不只是一份纸质版菜单的数字化复制品。少数几个有趣的例子之一，就是在伦敦著名亚洲融合菜①餐厅 Inamo 的餐桌上可以看到的数字化菜单。你不仅可以简单地通过触摸投射到桌面上的商品的方式来点餐，还可以在点餐前看到各色菜肴的样子。

　　这种人机交互的数字化本质上也意味着，即便是完全相同的菜肴图片，通过如此方式呈现出来，也不会显得像在常规纸质版菜单上那样俗气。因此，对用餐者来说，"走向数字化"带来了实实在在的好处。你甚至可以直接在桌面上叫一辆出租车回家！当然了，鉴于我们对自己所吃的食物来自哪里越来越感兴趣，你也可以考虑向食客展示各种食材的历史、它们来自于哪个农场等信息。

　　数字化菜单让人们有了更精心规划膳食的机会。以斯德哥尔摩的母亲餐厅（Mother）为例，菜单会直接投射到桌面上，系统会询问用餐者更喜欢什么食物，随后给他们推荐许多他们可能喜欢的菜肴。（这里唯一错过的机会是，系统不会保留你的访问记录——前文已详述过，

---

①融合菜也就是菜肴风格的混搭，将中餐的粤菜、陕菜、川菜、淮扬菜等与西餐、日餐、东南亚餐等相互糅合，用多元的烹饪方式创新出全新的味型，形成新的流派。——译者注

这是提供个性化服务的技巧，可能会让一顿饭吃得更愉快、更难忘。）

另一个妙用数字化互动菜单的例子，是艾拉厨房（Ella's Kitchen）于 2014 年开设的 The Weeny Weaning 餐厅。这是全球第一家专为婴儿设计的感官餐厅，旨在鼓励小宝贝从小就养成健康的饮食习惯。

一份报告如此说道："小家伙们将坐在互动桌旁的高脚椅上，在自己的数字化菜单中进行选择，他们可以为自己点主食和甜点……根据他们在 30 多秒内点击一个特定食物图标的次数，这份数字化菜单会做出相应的反应，然后服务员会给孩子们端来他们精心挑选的食物。"下一代人对这种数字化食物界面的态度可能会更加开放，而不论他们小时候是否接触过。

既然你可以用平板电脑当盘子，那还要真盘子干嘛？（或者我应该反过来说？）然而，这也是科技改变我们在现代主义餐厅视觉体验的一种方式；有些厨师用平板电脑替代盘子来盛食物。（谁知道呢，也许这能完美地把餐馆和酒吧里所有多余的平板电脑利用起来，因为他们发现，数字化菜单简直是在浪费时间！）厨师安德烈亚斯·卡米纳达（Andreas Caminada）最近在他位于瑞士的餐厅里做了一道菜，并将其盛在显示着白色圆形盘子图像的平板电脑上——这是餐盘数字化潮流的一个颇为讽刺的场景。

几年前，我们曾考虑用平板电脑盛放海鲜（图 12.2）。用餐者会瞥见金色的阳光照耀在海浪和沙滩上，那画面如此逼真，几乎一触可及。无论如何，这就是将这一潮流推进下去的希望！把海边风景和海的声音融合起来，可能会让海鲜吃起来更鲜美。用平板电脑盛放食物，应该会给极富创意的厨师带来更多自由，让他们围绕一道菜天马行空地讲故事。目前，只有少数几家前沿餐厅提供这种服务，但你可以大胆设想，未来我们所有人都会在吃饭时重新把自己的平板电脑利用起来。

　　有些人会感到震惊，你可能会自己嘀咕：我为什么要花大价钱买一台平板电脑，却只为了用它吃东西呢？老式的白色圆形盘子究竟有什么问题呢？教授真的疯了吗？不要误解我的意思，我当然不是说平板电脑将成为每种食物的理想载体。就连我自己都无法想象用平板电脑吃一大块多汁的牛排会有什么趣味。牛排最好还是放在木板上。用平板电脑盛放小食和手抓食物可能会更受欢迎，至少在你完全掌握使用这种全新数字化餐具的窍门之前，还是保守点比较好。

图 12.2　再过多久高端餐厅才会用平板电脑替代白色的圆形盘子来供应食物呢？西班牙顶级厨师埃琳娜·阿尔扎克（Elena Arzak）说："在圣塞巴斯蒂安的阿尔扎克餐厅，有些菜是用平板电脑端上来的：柠檬烤虾和广藿香在烤架上，火焰噼啪作响。……我们试着分别用平板电脑和普通盘子来盛放这道菜。食客们总是说，有了图像和声音，这道菜的味道更浓了，也让人更加享受了。我们热衷于利用新技术来进一步增强食物的味道。"

　　不过，我也得为自己辩解几句，至少你要允许我指出，有些平板电脑是防水的。所以我想，如有需要，你可以用完后直接把这些平板电脑放进洗碗机里。（也许教授真的疯了！）我可以很容易地预见到，用平板电脑盛放食物，可以保证食物与盛放食物的餐具（在本例中就是平板电脑屏幕）之间呈现出完美的颜色对比（参见第 3 章）。

从根本上说，我认为只有在屏幕上无论显示什么，现代主义餐厅的用餐体验都会发生根本改变（比如说增强）的情况下，用平板电脑当盘子才会成为主流。而对于那些可能认为用平板电脑当餐盘太奢侈的人来说，请记住，在一些世界顶级餐厅，专为一道菜而单独设计的盘子，售价可能超过 1 000 英镑。相比之下，用平板电脑当盘子还是比较便宜的选择呢！

"营养工程"项目（Project Nourished）的创建者们最近在做出尝试，将虚拟现实与食物结合起来。该项目由洛杉矶的 Kokiri 实验室开发，被称为"美食虚拟现实体验"。这种分子美食学和虚拟现实的跨界混搭，能让用户"尽情体验美食,而不用担心热量摄入过高和其他健康问题"。他们喊出的口号是"你不喜欢在火星上吃芝士蛋糕吗？"如此慷慨激昂的说辞，你怎么能抗拒呢？你至少也会有点好奇吧。

我们在前面的章节已经看到，背景、气氛和环境对饮食体验的影响有多大。设想一下，你戴上耳机，身临其境地体验这些东西，所有的虚拟空间尘埃都不会吹进眼睛里，你能肯定芝士蛋糕的味道可能会有些不同了吧。展望未来，想想各种新奇的增强现实和虚拟现实技术（分别是 AR 和 VR）将如何让那时的用餐者在吃着一种食物的同时看着另一种，也是挺有趣的。

在这种食物和虚拟现实的融合中，我们究竟应该期待些什么呢？嗯，如果继续让科技怪杰们自行其是的话，倒是有这样一些可能："对'营养工程'而言，情况或许是你戴上虚拟现实耳机……举起'食品检测传感器'（在开发阶段，这种传感器看起来就像是用锡纸包裹着的有两个尖头的木头叉子），吃着一种又黏又弹的、已经乳化过的低热量水状胶质。为了赋予这种人造食品以物理特性，研究人员已经用3D 打印模具使其成形。然后，在运动传感器、香味扩散器和骨导传感器的帮助下……你会畅享一顿美味佳肴，还不用担心卡路里、碳水化合物或过敏源物质带来的负面影响。"别告诉我你们还不相信！

不过，更根本的问题是，在火星上吃芝士蛋糕的想法总让人觉得不那么搭调，至少对我来说如此。也许我们最好让食物和耳机与为我们营造的身临其境的环境相匹配，比如在用上它时吃草莓味的立方体食品（即宇航员在执行太空任务时吃的东西）？但话又说回来了，也许这样并不好，毕竟据说那些食物超级难吃。

当你仅限于使用可视化虚拟现实技术时，它在模拟特定环境方面的一些短板就会显露无疑。你可以想象一下重现飞机用餐经历的真实度会有多高。背景噪声大，空气湿度不足，机舱气压低等因素全都不具备（参见第 8 章）；你也无法感受前面的人在用餐时突然把座位后压带给你的膝盖上的压力。所以现在的体验和那时完全不同，不是吗？

视觉很重要，但如果没有其他感官线索的帮助，只凭它不太可能营造出身临其境的感觉——至少对于那些我们想要模拟的更极端的环境来说是如此。不过，我很想知道这种虚拟现实技术是否能在老年人群体中找到用武之地。也许这种技术可以提供过去的视觉线索，带他们穿越时光。毕竟，已有研究证明播放怀旧金曲能让老年人多吃些东西。

增强实境技术（AR）是指在真实场景上叠加人工视觉刺激。例如，我的同事冈岛胜雄（Katsuo Okajima）及其日本朋友使用的 AR 系统可以实时更新食品或饮料的图像。想象一下：你戴上这副市面上有售的耳机，先是看到你点的寿司就在你面前的盘子里，然后，只要你的手在盘子上动一下（就像施了咒语），金枪鱼就会突然变成三文鱼。再把你的手移到盘子上，嗒，又变成鳗鱼了。你还可以拿起这看起来像鳗鱼寿司的东西咬一口，而且就算这样也不会打破那些错觉。

你们中的一些人肯定在想，这有什么意义呢？在我们做过的一些初步研究中，已经能够证明，改变食物的外观会影响人们对其味道和口感的判断，蛋糕、番茄酱、寿司等都是如此。在这里，你或许可以试想一下这样的场景，消费者看到的是令人垂涎欲滴但并不健康的食物，而他们吃的是一种健康的替代品。展望未来几年，我完全可以想象当海洋生物被捕捞殆尽、真正的寿司成为一段模糊而遥远的记忆时（很抱歉让你这么沮丧），虚拟的寿司会多么让人心生渴望。

另一个在吃饭时使用 AR 耳机的有趣例子，来自于一直在研究这种耳机能否让你更快获得饱腹感的研究人员。他们的做法很简单，就是想办法让你通过耳机看到的食物（如饼干）比实际的大。尽管我非常喜欢 AR 和 VR 餐饮的创意，但我最乐观的估计是，即便是在世界上最前卫的餐厅里，也得等好几年以后我们才有可能在餐桌上见到这样的耳机。这种技术可能会严重干扰人们用餐时的社交活动，而在现实中应用它的限制也同样不少。

播放大海的声音，竟使海鲜好吃到热泪盈眶

迄今为止，数字化技术在餐桌上更直接的应用，体现在个性化的声音传递方面，而非视觉幻想。在这里，我想到了音景和音乐作品，例如，用餐者在吃饭或喝酒时所听的音乐。在前面的章节中，我们已经看到赫斯顿·布鲁门撒尔在交叉模态研究实验室参与了"声波薯片"的研究后，是如何开始对声音的重要作用感兴趣的。

这位大厨回到布雷后，和他才华横溢的团队一起研究，开始探索如何通过不同的数字化方式把声音带到餐桌上。他们发明的第一版"声波餐具"仅在餐厅的部分老顾客身上进行"秘密"试用，但服务人员不知道，那天有一名记者悄无声息地坐在餐厅里。当他听闻另一张桌

子上的客人吃的是他没有吃过的菜时，他立刻叫来了服务员，亮明了身份，并要求知道发生了什么事。除了让他也试试声波耳机外，别无他法。

几天后，那个记者的报道刊登在《星期日泰晤士报》(The Sunday Times)。一种全新的 21 世纪高科技餐具就这么"问世"了。戴上耳罩式耳机往往会弄乱顾客们花大价钱打造的发型，这对他们来说没有任何吸引力。这种耳机刚放在精心熨烫过的白色桌布上，客人们就毫不客气地让服务员拿下去。用过去的话来说，是时候"从头设计"了。

再把时钟拨快几年，那些有幸在肥鸭餐厅订到座位的人会发现什么呢？服务生会一只手端着这么一盘海鲜来到餐桌前：生鱼片放在由木薯粉和泡沫状面包屑做成的"海滩"上。接着，他会用另一只手递给食客一只挂着一对耳塞式耳机的贝壳（图 12.3），并鼓励他们在开吃前插上耳机。食客如果乖乖照做，他们将听到大海的声音：海浪拍打着沙滩，几只海鸥在头顶飞过。有些人发现声音和食物的结合能够产生如此强大的力量，竟然热泪盈眶。

自从"海洋之声"这道菜首次出现在肥鸭餐厅的菜单上以来，许多厨师（甚至是咖啡师）都纷纷尝试将个性化的数码声效融入他们所做的菜肴中。例如，位于赫罗纳（Girona）的罗卡之家餐厅是西班牙新式料理的代表，那里的厨师团队制作了一种上桌时配有 MP3 播放器和扬声器的甜点。在这种情况下，他们鼓励用餐者一边吃甜点，一边听足球评论员描述巴萨和皇马（Real Madrid）于 2012 年在伯纳乌球场（Bernabeu）进行经典对决时，莱昂内尔·梅西（Lionel Messi）躲避皇马后卫，为巴萨攻入制胜一球的情景。

干得漂亮！这具有很强的情绪感染力和故事性，不过我敢打赌，如果你不是皇马的球迷，这份甜点的味道会更好。（但如果你真的喜欢足球，这道菜带给你的体验估计更佳。）与此同时，布里斯托尔

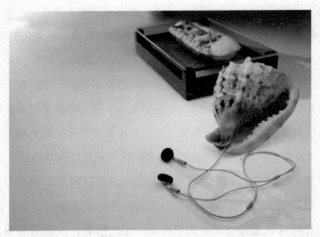

图 12.3 "海洋之声"（多年来，这道菜一直是赫斯顿·布鲁门撒尔的肥鸭餐厅的招牌菜）为说明如何利用数字技术来增强多感官用餐体验提供了一个很好的例子。我们在牛津与这位大厨共同进行的研究证明，比起听到餐厅里餐具发出的噪声或现代爵士乐，当倾听海浪轻拍沙滩和海鸥掠过头顶的声音时，人们觉得这份海鲜尝起来更鲜美了（但没有变得更咸）

（Bristol）卡萨米亚餐厅（Casamia）的米其林星级厨师们有时会为顾客提供配有 MP3 的野餐篮。当你在餐厅里打开这个 MP3 时，耳边就会响起英国夏日的声音。

人们对在用餐者口中传导数字化声音的兴趣也越来越大了。为特定品尝体验提供个性化的声音场景，是厨师、音乐家、设计师和烹饪艺术家都非常感兴趣的课题。以售价 57 英镑的限量版邦帕＆帕尔（Bompas & Parr）焗豆勺为例，每把勺子里都藏着一个 MP3 播放器。如果你刚好买了一把，就会发现你要把它放进嘴里才能听到声音。

然后，声波会通过你的牙齿和颚骨传到你的内耳区。MP3 里的"口味音乐"包括：切达奶酪配一段令人振奋的埃尔加（Elgar），火红的辣椒配一段热情的桑巴，蓝调音乐配烧烤风味的豆子，以及印度西塔琴音乐配咖喱豆！用餐者自己能听到音乐，但坐在他们旁边的人什么也听不见。这些音乐是否与食物相配以及它们是否真的增强了食物的风味，还有待观察。

与此同时，荷兰钢琴家卡琳·范·德·费恩（Karin van der Veen）为人们提供了品尝数码棒棒糖 De Muziekbonbon 的机会。这个创意很简单，就是有点奇怪。把连接着一根电线的糖果放进嘴里，当你咬住棒棒糖里的压电片（电流通过，它便会振动）时，你可以隐约听到钢琴声音在你的颚骨那里回响，并最终传到你的内耳。我相信你能想象得到，即使这是一次最不寻常的经历，你也会非常愉快。

虽然对于多感官盛宴的尝试让我很享受，但我可以肯定的是，这些东西不会很快进入"大众市场"。我只是不确定，是否真的值得为提高饮食享受付出如此多的努力，至少你第一次这么做的时候有些不值得。这也是相当背离社会传统的，当你紧紧咬住牙齿倾听音乐片段时，你根本无法与人交谈！不过，从正面的意义上来说，我想你可以说它有助于集中注意力，增强体验，并促使品尝者更加谨慎地消费。

另类闹钟 APP：煎培根的滋滋声和香味让你馋到尖叫

日本的研究人员一直致力于传递食物的香味，以匹配你通过 AR 耳机看到的任何东西。然而，只要看看这个设备（图 12.4），你就会知道，你需要多久才能看到它们美美地出现在现代主义餐厅或小商店中。遥遥无期！为探索与食物的潜在联系而开发的技术设备，常常不考虑设计的美感，这也是司空见惯的事了。其实这种情况大错特错！

我认为，更可信的主流食物香味传递将由 Scentee 这样的插件实现。在美国，已有一个应用程式使用了该技术，即奥斯卡·梅耶（Oscar Meyer）培根香气闹钟 APP。您只需在手机里插入一个小插件并设置好时间，叫醒你的就将是滋滋作响的煎培根声以及令人垂涎欲滴的培根香气。与此同时，西班牙的顶级大厨安多尼·阿杜里斯一直在利用数字化香气传递技术来增加菜肴与食客的互动；那些在穆加拉茨餐厅预定了位子的人可以先下载相关应用程序，提前体验与菜单上菜肴相匹配的动作、香味和声音（图12.5）。

图12.4 嗯，好吃！有时我担心人机交互（缩写为HCI）领域的研究人员可能花了太多时间考虑技术和食物相遇会碰撞出什么火花，但又用了太少的时间去考虑现实世界中到底什么才是真正实用的、什么才是人们想要的。我想，哪怕是最富创新精神的现代主义厨师，一想到要让顾客戴上这种设备，他们也会望而却步的。我们当时就在想，过耳式耳机太烦人了

　　当顾客划着圈，对着手机屏幕上显示的香料来模拟研磨的动作时，他们不仅能听到杵与研钵摩擦的声音，还能闻到一股辛辣的味道（通过释放气味的插件）。当他们坐在餐厅里品尝这道菜时，还需要把之前的过程重新经历一遍，动作、声音和香味都是完全相同的。利用那种应用程序的目标之一就是利用多感官刺激，在食客到达餐厅前就帮助其建立起心理预期。满心期待的用餐者可能都要流口水了，谁知道呢！
　　尽管这种数字化的气味传递方式有一定使用价值，根本问题在于，

是否有人会再次购买相关产品。这种现实情况在某种程度上导致 20 年前 DigiScents 公司（一家成立于互联网繁荣时期的数字化气味传递公司）的消亡，这对投资者来说应该是笔不小的损失。

　　我最乐观的猜测是，尽管这项技术行之有效，但消费者对于这种数字化创新还缺乏真正的欲望或需求。要是缺了这点儿东西，这些关于数字化气味的梦想就很可能以失败告终，就像之前的许多尝试一样。

图 12.5　一款能释放香味的应用程序，目的是帮助那些在西班牙穆加拉茨餐厅预定了位子的顾客建立心理预期

　　正如我们在第 5 章中已经看到的，餐具设计领域即将迎来一场革命。有些变化会围绕着餐具的样式、材料和质感进行，但未来发展的新方向很可能直指数字化或增强型餐具的出现。因为至少在人机交互社区中，这也许会从根本上改变我们未来与食物互动的方式。想象一只会提醒你吃得太快了的震动叉子！不，这是真的！（图 12.6）

　　或许，最有趣的数字化增强型餐具的例子是"Gravitamine"。这个器具会让使用者产生错觉，觉得他们手里的餐具沉甸甸的。根

据我们在第 5 章中已经了解的内容，我完全可以想象这样一种数字化解决方案将如何增强用餐体验。不过，如果你想知道购买一些真正笨重的餐具是否比定期给这些高科技餐具充电更方便，也是可以理解的。数字化增强型餐具发展前景一片光明的另一块市场，是那些很难控制手部运动的患者——例如帕金森（Parkinson）患者。他们的手不停地颤抖，会把食物都洒出来。事实上，一家创新型公司已经推出了一些防抖餐具来帮助帕金森患者解决这一特殊问题。

数码调味剂与真正的调味品，哪个会更有滋味？

如今，研究人员只要用正确的方法电击你的舌头，就能让你产生基本的味觉。有人愿意试试吗？来吧来吧，这并不像听起来那么可怕。不过，遗憾的是，这也不像许多媒体报道所说的那样令人愉快！一些记者说，这种全新的方法有望让你的数字设备源源不断地传递各种味道。

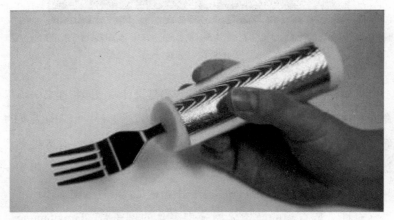

图 12.6 未来数字化技术进入我们餐桌的一种方式。这是智慧餐叉（HAPIfork）早期的原型，一件来自日本的小玩意儿，其作用是改变我们的饮食习惯

你需要准备的只是一个电源和一个压在舌头上的刺激器。

事实上，研究人员最近推出了一款数字化棒棒糖，全球媒体一片哗然。但是请等一下，心急吃不了热豆腐。在对所有的炒作信以为真之前，先问一个问题，那些写这种文章的人是否亲身体验过"电的味道"。通常情况下，事实似乎并非如此！相反，记者们的文章在很大程度上依赖于这些设备的推广人所做的二手报告。

我试过一些此类设备，不夸张地说，我发现它们提供的体验令人失望。也许我只是运气不好，因为有些人的舌头对电击刺激产生的味觉体验比另一些人更敏感。然而，即使是这种方法的忠心拥趸也承认，比起咸味和鲜味，酸味和金属味更容易被感知到……至于甜味，嗯，这才是真正的挑战。即便是在最佳情况下，对那些电刺激效果良好的人来说，他们对数码味觉的感知也非常有限。就体验层面来说，当电刺激装置嵌入勺子的一端或数码餐具和玻璃器皿时，我不认为事情会有多大改观。

但更重要的是，就算所有的味觉都能完美呈现，这仍将是一次非常枯燥的用餐体验。任何品尝过溶液中淡淡的纯促味剂的人就会知道，即使在最好的情况下，那也会多么地令人失望。正如我们在第 2 章中看到的，味觉只是我们多感官味道体验中的一小部分；我们在吃东西时捕捉到的所有花香、果香、肉香及药草香都是由鼻子传递的。换句话说，你永远别指望通过电击别人的味蕾来唤起这些感觉。你应该电击他们的鼻孔——这可能是一个令人不快的、复杂的甚至是痛苦的过程。

虽然开发数码味觉产品的最初目的是不再提供真正的促味剂，但目前正在开发的产品也以味觉感知增强作为目标。例如，一些研究人员一直在研究，当你看到一顿美餐，甚至真的在吃东西时，舌头被电击会发生什么？事实证明，人们在观看美食色情片时，对数码味觉的感情反应真真切切地发生了变化。

同样地，有证据表明，人们对真实食物和饮料的反应可以通过同时呈现电子味道的方式来改变。那么，如果用餐者在吃饭时被电刺激后感受到了咸味，这是否意味着他们就不用加那么多盐了呢？东京曾冒出来一家"无盐餐厅"（No Salt Restaurant），它的创意理念就在这里。到这家餐厅吃饭的人必须使用电动叉子，显然，电动叉子能够提供一些数码调味料。这家餐厅在试运营阶段推出了五道不放盐的菜，包括沙拉、猪扒、炒饭、烘肉卷和蛋糕。我猜，没几个人愿意再尝试一回。

这仅仅是一种营销噱头，而不是真正的健康创新吗？我想有件事我们需要牢记，盐不仅仅是一种增味剂。它在决定食物质地方面也起着关键的作用，而这是数码味觉无法做到的。与这项技术有关的另一个问题是，我们的大脑似乎能非常敏锐地感知到不同化合物引起的感觉会如何随时间的推移而变化。这就是为什么你可以把糖和阿斯巴甜等人造甜味剂区别开来的部分原因（因为两种情况下的味觉提升速度不同，持续时间也不同）。所以，除非你能让数码味觉在正确的时间发生正确的变化，否则这种体验就永远不会像"原装正品"那么好。

智能烤架：再也不用担心把香肠烤焦了

如今上网随便一搜，你就能找到各种各样的应用程序。据说无论你想知道什么或者想对你的食品饮料做什么，它们都能提供帮助。时髦的明星大厨和美食博主非常乐意为你提供建议，告诉你应该吃什么，或者帮助你准备一道新菜。毕竟，现在这可是桩大买卖。

此外，越来越多的智能手机应用程序可以与各种厨房设备连接，从而实现对它们的控制。就拿 Bright Grill 智能电烤架来做个典型案例吧。这是一款配有应用程序的电动烧烤机，即使你不在它身旁，一旦香肠烤好了，它就会提醒你拿出来，因而你不会像往常一样把吃的烤焦。这些发明难道不会让你好奇一下，在应用程序出现前的美好年代里，我们是怎么生活的？

事实上，现在你几乎可以在应用商店里找到任何你想要的东西。信不信由你，甚至还有一款由 ChefSteps 出品的应用程序，名叫"鸡蛋计算器"（Egg-Calculator）这是专为沉迷于"蛋黄色情"的人（参见第 3 章）而设计的。它包含的"动态蛋白质"镜头，多到了连最狂热的食物迷也无法消受的程度。用上这款应用程序，你再也没有任何借口让你慢煮慢炖的鸡蛋变不成你想要的样子了。

同时，现在还有很多比价应用，精明的用餐者可以扫描菜单，比较同款菜品在其他餐厅的价格。有时候，在纽约这样的大都市，你会发现，同一瓶葡萄酒在这家餐厅的价格会是下个街区另一家餐厅的 4 倍。你不想知道自己什么时候被敲竹杠了吗？

谷歌甚至开发了一款便于用餐者分摊餐费的应用程序。不过鉴于越来越多的人如今都会选择独自外出用餐（参见第 7 章），该程序的用户数量可能有所下降了。我们不得不怀疑，一个简单的计算器是否不会做到和它一样好。但我们要知道，在一家高档餐厅里支付高额账单多少会让付账的人感到扫兴。考虑到一段体验的尾声往往非常令人难忘，一些高档餐厅现在会要求食客提前结账，以至于最后别那么肉疼。这就是我所说的聪明的设计！

另一些有趣的东西是那些通过扫描任何商品的标签就能访问数字化内容的感官应用程序，从一桶哈根达斯（HäagenDazs）冰淇淋到一瓶库克香槟莫不如是。例如，Concerto 这款应用的设计就是为了帮助消费者在等着吃刚取出的冰淇淋时打发时间。顾客可以拿出手机来扫描二维码（产品包装盖上的正方形黑白图案），然后看到音乐家"神奇"地浮现在哈根达斯的商标上，并听到他们的音乐。每个音乐选段会持续约两分钟——营销广告里说，这么长时间正好能让冰淇淋稍稍变软。音乐一结束，冰淇淋就可以吃啦！

还有一些其他的智能手机应用程序声称能通过分析你拍的照片来计算一道菜的卡路里，还有许多与食物相关的新技术正在开发中。飞利浦研究院（Philips Research）资助的一个项目研究了让人们用嵌入数字秤的餐盘吃饭的可行性，以便计算他们吃了多少食物。谷歌的人工智能技术名为 Im2Calories，它也在训练自己计算食物照片中的卡路里，并且其误差已经下降到 20% 以内了。

但你真的想用技术手段来记录自己吃了什么？连每一克、每一卡路里都不放过吗？而且，这些设备的精确度还未见分晓。毕竟，视觉系统以及控制它的大脑区域在人类历史的进程中一直在不断微调，以便能快速评估食物的营养价值。这正是我们大脑进化的原因，有证据表明，一眨眼的功夫我们就能评估出营养食品的来源。然而，即便是如此精密的"仪器"有时也会出错。毕竟我们的意识会犯错，为什么要期望上述技术能做得更好呢？

未来厨房如果由机器人掌勺，吃货们会买账吗？

最后，让我们说回本章开篇提出的问题：如果你发现自己的晚餐是由机器人厨师做的，你会怎么想？一方面，这应该是精密烹饪领域的一个范例。一次又一次地品尝着完全一样的味道，正是我们都想要的，不是吗？然而，如果食品和饮料是由机器制作的，那又何必要去外面吃饭呢？就像超市里卖的那样，直接从生产线上买一包岂不更省事？

　　尽管机器人充当厨师、调酒师、服务员甚至是洗碗工的想法听起来完全是对未来的幻想，但事实是，未来已经到来。例如，中国的哈尔滨有一家机器人餐厅，20 个价值 2 万～ 3 万英镑的机器人在厨房和用餐区工作。他们会煮饺子和面条，也能为客人提供餐桌服务（图12.7），只不过每隔 5 个小时左右，他们就需要充电一次。肯德基最近也在中国推出了一家机器人服务餐厅。

　　同时，皇家加勒比国际游轮公司（Royal Caribbean International）与 Makr Shakr 机器人联手，在其舰队的新成员"海洋量子号"（Quantum of the Seas）上打造了全球第一家"仿生酒吧"（即机器人担任调酒师）。已经在这艘游轮上定了舱位的人们可以听听下面的描述，期待一下他们的海上旅程："顾客可以通过平板电脑下单，然后观看机器人调酒师调鸡尾酒。据皇家加勒比公司介绍，每个机器人每分钟可以调制一杯饮品，每天最多可以调制 1 000 杯。"

　　最近，一家名叫"动量机器"（Momentum Machines）的初创公司找到了我，该公司即将为主流餐厅的厨房推出第一条机器人生产线（专做快餐）。他们想了解，如果人们知道自己点的食物是由机器人准

图 12.7　未来会由机器人厨师帮我们做晚餐吗？

备的，他们会怎么想？他们会更喜欢这些食物呢，还是会直接撤单？用餐者真的在乎谁来为他们做吃的吗？还是说他们只对最终的产品味道感兴趣？

我猜想，人们要是知道他们点的食物和饮料是由机器人而非真人做的，他们的评价可能会有所不同（毕竟是猜测，我也不那么肯定）。在我看来，真正的症结在于机器人的味觉并不够好。

因此，让它们使用包装好的（即标准化的）原料做菜时，它们会做得更好，而要让他们用品质和成熟度都不同的新鲜农产品做菜，恐怕就不是那么回事儿了。另外，机器人烹饪的可预测性较强，我怀疑这也会使得他们所做菜品的吸引力远不如真人。

无论好坏，我们未来的餐饮都无疑将越来越多地与数字技术交织在一起。就算在家里也是如此。事实上，就国内市场而言，莫利机器人公司（Moley Robotics）的新产品——家庭烹饪师于 2018 年初面市，售价约为 5 万英镑。我只看到我妻子听到这个消息时眼睛都亮了。

GASTROPHYSICS

第 13 章

回到未来主义

你听说过保罗·派雷特和巴哥·龙赛罗之间的纷争吗？他们两位都是世界顶级现代主义厨师，我们在第 11 章中遇到过他们。派雷特指责龙赛罗窃取了他许多关于多感官体验设计的创意。目前，两位大厨都在自己的未来主义餐厅里供应一人份的多道菜品尝菜单。

在这里，墙壁和桌子上的投影会随着菜肴的变化而变化。不仅如此，音乐和音景，甚至背景香气和温度都是专为配合食物而精心设计的。至少从表面上看，两位大厨提供的食物非常相似。他们都小心翼翼地控制着气氛，以便为食客提供真正的多感官用餐体验。在最新科技的推动下，这种环境氛围达到了极致。

不过，问题仍然没有解决：这是谁的功劳呢？事实上，我想说，他俩谁都不是最大的功臣。在最后一章里，我想说，最先提出现代主义烹饪设想的是意大利的未来主义者。那时，他们可能还不知道如何将自己的梦想变为现实，至少无法在实现这一目的的同时确保食物美味可口，但美食物理学让越来越多的世界顶级厨师做到了这点，甚至发展到最后，你自己在家都能做到这些事。

在 20 世纪 30 年代，未来主义者就已经开始播放背景音乐，增强他们的饮食体验。比如，他们吃着"Total Rice"这道菜的时候，蛙鸣声相伴出现。这道菜的主料为米饭和豆子，再佐以萨拉米香肠和青蛙腿。想想看，赫斯顿·布鲁门撒尔推出的"海洋之声"这道菜是米其林星级餐厅在多感官美食领域做出的首次尝试，但这是 2007 年的事情。然而，早在 80 年前，都灵（Turin）就上演过类似的一幕。难怪有些人想要指出，未来主义者真的是"赫斯顿的前辈"。

现代主义厨师最近在鼓捣的事情是故意给食物上错色，或者利用食客的心理预期来提供与众不同的用餐体验，比如琼（Joan）和约尔迪·罗卡（Jordi Roca）制作的纯白色黑巧克力雪葩和布鲁门撒尔制作的甜菜根橘子冻，但这些把戏未来主义者也早就玩过了。

早在现代主义厨师把这种玩法奉为新风尚之前，那些疯狂的意大利人就这么做了。他们故意给各种熟悉的食物涂错色以打乱客人们的方寸。你看到蓝色的葡萄酒、橙色的牛奶或者红色的矿泉水是什么感觉？至于色彩鲜艳的鸡尾酒，他们也是鼓捣它的行家里手。

未来主义者对触觉也很感兴趣，他们于 1920 年创作的《苏丹－巴黎》（*Sudan-Paris*），极有可能是世界上第一幅专为触摸而设计的画作。在都灵的 Taverna del Santopalato 餐厅，未来主义者要求食客不借助任何餐具，直接把脸埋在盘子里吃东西。我们在第 5 章中还看到，也是在 80 年前的意大利，参加晚宴的用餐者被要求在吃饭时轻抚邻座客人的睡衣（未来主义者要求用餐者穿着睡衣进食，不同用餐者的睡衣用不同材料制成）。

人们对香味的兴趣，以及如何用新颖独特的方式传递食物香味，也在未来主义者的实验范围内，例如服务员会直接将雾化香氛喷到顾客的脸上。你可以在当今的现代化食品供应服务中寻觅到旧时印记。

　　大厨霍马鲁·坎图对他在芝加哥 Moto 餐厅做的一道菜进行了如下描述:"我要给客人们喷点胡椒粉,这是我最喜欢的环节。它让我想起了'Aerofood'这款带有强烈触觉元素的典型未来主义菜肴。客人们用右手拿着橄榄、茴香和金橘片等东西来吃,左手则抚摸着砂纸、天鹅绒及丝绸等各种布料。

　　与此同时,一架巨型风扇(最好是飞机螺旋桨)掀起的大风迎面向食客扑来,身手敏捷的服务员还会向他喷洒康乃馨味的香氛。这一切都符合瓦格纳(Wagner)歌剧的风格。"这种多感官体验你觉得如何?如果你对颠覆性的多感官设计感兴趣,快速回顾下未来主义者的丰功伟绩或许就是了解他们的第一步。

　　就拿"不用盘子吃饭"的兴起和我们在第 11 章中提及的日益戏剧化的餐饮服务来说,现在,你应该能猜出谁才是第一个吃螃蟹的人了吧。正如索菲·布里克曼(Sophie Brickman)在《纽约客》(*The New Yorker*)杂志上所写的那样:"马里内蒂在《未来主义烹饪》(*The Futurist Cookbook*)一书中描绘的宴会……既是一场盛宴,又是一场游戏。"在其他地方,有人认为未来主义者有意"把厨师拔高到雕塑家、舞台设计师和行为艺术导演的水准"。

　　只要看看下面这场在博洛尼亚(Bologna)举办的晚宴就知道了:"'厨房的平流层'里充斥着飞机发出的'营养丰富的噪声'与美食雕塑的布景、创意十足的灯光效果以及服务员身着的奇装异服相得益彰。这场晚宴是未来主义设计家德佩罗(Depero)的得意之作。"需特别注意的是,这场活动的举办时间是 1931 年 12 月 12 日晚。这就引出了下一个问题。

追求最刺激的用餐体验

人们逐渐认识到，首次尝试许多前卫的现代主义烹饪实践的，是马里内蒂和他的同事们。这不禁让一些人开始怀疑，现代主义烹饪是否真的起源于 20 世纪 30 年代。事实上，那时在意大利北部发生的事情与现如今世界各地餐馆所上演的剧本有着惊人的相似之处。先看看《未来主义宣言》（*Futurist Manifesto*）的基本信条（见下文），然后告诉我，现代主义烹饪是否真的发端于 20 世纪 30 年代。在未来主义者眼中，完美的一餐应具备以下条件：

1. 餐桌摆设（水晶、瓷器、饰品）的独创性和协调性能延伸至食物的味道和颜色；

2. 菜肴本身具有绝对原创性；

3. 精雕细琢的美食形态令人垂涎欲滴，其形式与颜色和谐统一，在诱惑食客的嘴唇前就能喂饱他们的眼睛并激发想象力；

4. 吃东西时不要使用刀叉，让嘴唇尽情体验触碰食物的乐趣；

5. 妙用香氛来增强味觉。每道菜上桌前必须先喷洒相应的香氛，香气会在电风扇的帮助下从餐桌逸散出来；

6. 只允许在上菜的间隙播放音乐，这么做不是为了降低舌头和上颚的敏感度，而是为了帮助清除上一次的味觉享受，以恢复味觉的原始状态；

7. 餐桌上严禁谈论政治；

8. 在合理的范围内将诗歌和音乐作为惊喜，增强其他感官的感受，以便突出某些菜的味道；

9. 在菜肴上桌的间隙，于客人的眼睛和鼻子底下，迅速向他们介绍一些他们会吃的菜和他们不会吃的菜，以增加他们的好奇心、惊喜度及想象力；

10. 创造同时供应又各不相同的小食，让人在几秒钟内尝到10或20种味道。在未来主义烹饪中，这些小食的作用与文学作品中图像的作用类似，能够充实用餐体验。某样东西的特定味道可以涵盖整个生活领域的经验，如激情四射的恋爱时光或整个远东之旅；

11. 厨房里要配备一组科学仪器，包括能使饮料和食物散发出臭氧香味的臭氧发生器、紫外线灯（许多食物在紫外线的照射下获得了活性，因此变得更易吸收，能预防儿童佝偻病等疾病）、用于分解果汁和其他萃取物的电解槽（这能让你从已有产品中获得具有新特性的产品）、胶体磨（用于研磨面粉、果干、药品等的工具）、常压和真空蒸馏器、离心式高压灭菌器、渗析器。

高温会破坏活性物质（如维生素等），因此这些器具的使用必须足够科学，以避免用蒸汽压力烹调食物时犯下典型的错误。用化学指标来衡量酱汁的酸碱度有助于纠正可能出现的错误，包括盐太少、醋太多、胡椒太多或糖太多等。

在前几章中，我们看到如今的现代派厨师几乎已经解决了上述所有问题。事实上，清单上的最后一点听起来就像是分子美食学或现代主义烹饪了（随你怎么叫都行）。尽管最新的厨房必备用具无疑已经改名换姓，但背后的指导思想并未改变，一直都是厨房科学以及营养和风味的保存（这是真空技术的主要卖点之一）。我很好奇未来主义者会用真空低温烹饪法做什么，或者说，会用名厨格兰特·阿卡兹带火的冷食扒炉（anti-griddle）做什么。这款新式的现代化厨房设备可以将放置于其上的食物快速冷冻或半冷冻。

　　然而，在 20 世纪 30 年代，意大利的未来主义者试图实现的目标与当今许多现代主义厨师的想法之间也存在着一些根本性的差异。前者对他们的食物美味与否不太感兴趣；相反，他们是在向过去挑衅，想让人们走出舒适区，别再一味沉迷于往昔，傻乎乎地待在僵化的文化和政治体制内（有人如此说）。

　　相比之下，如今世界上最有才华的厨师们越来越明白他们需要控制"其他一切因素"，才能提供最刺激、最难忘且可能是最愉快的用餐体验。他们的目标是准备最美味的食物，并在"餐盘之外"辅以最具沉浸感和吸引力的多重感官刺激。

　　当读到一些未来主义者的疯狂想法时，我想起了阿尔伯特·爱因斯坦（Albert Einstein）的名言："如果一个想法在一开始不是荒谬的，那它就是没有希望的。"就拿禁止做意大利面这一颇具煽动性的提议来说吧。马里内蒂认为，意面会干扰人们的批判性思维，因为它在胃里很沉。他还不同意有人说意面是"囫囵吞下去的，而不是嚼着吃的"。

　　在意大利这个国度里，你还能想到一个比这更挑衅人的提议吗？然而，再看看同时代的人对未来主义晚宴的描述，你就会觉得很有趣。即便这些描述是出自支持他们的厨师或记者那里，你也会发现最终的结果常常并不美味。描述一下一道名为"利比亚飞机"（Libyan Aeroplane）的甜点，你就会明白了：牛奶加古龙水腌制的油光锃亮的栗子（别告诉我你不饿），放在由苹果、香蕉、枣子和甜豆做成的飞机形馅饼上。毕竟，未来主义者钟爱他们的机器（注意图 13.1 墙上的蒸汽机）。

　　除了对食物的味道缺乏兴趣外，未来主义者和现代主义厨师之间还有其他不同之处。马里内蒂的设想是，未来民众的热量需求将由"能

图 13.1　1931 年在突尼斯（Tunis）举行的未来主义者的聚会。菲利普·托马索·马里内蒂（1876—1944）本人也参加了聚会，照片中，他目不转睛地盯着服务员看。我不得不说，比起那些围绕质地不平的睡衣展开讨论的人，还是衣着更加传统的用餐者更像那么回事

够尽快补充身体所需能量"的药丸和药粉来满足。他认为，一旦基础营养得到了保障，我们就可以为"嘴巴、舌头、手指、鼻子以及耳朵的新奇体验"腾出时间。未来主义菜肴的触感、声音和气味实际上是为取代食物的营养功能而设计。

　　马里内蒂很清楚这一点，他自己都说"我不推荐饥肠辘辘的人来尝试这道菜"。相比之下，现代主义厨师设计的菜肴则是为了吃起来味道好以满足客人的食欲，也为了看着漂亮以愉悦客人的心情。不过那些还记得新式烹饪鼎盛时期的人可能不同意这种观点。

　　当然，就连马里内蒂关于未来烹饪的想法都不是凭空产生的；相反，我们需要了解另一位未来主义者——纪尧姆·阿波利奈尔

去根的紫罗兰加柠檬汁

安康鱼煮桉树

生里脊牛排加烟草

鹌鹑配甘草酱

配以油和白兰地汁的沙拉

瑞布罗申奶酪加核桃与肉豆蔻

水果

图 13.2　一份菜单，来自纪尧姆·阿波利奈尔举办的早期未来主义宴会——"美食天文学与新派美食"（Le Gastro-astronomisme ou la Cuisine Nouvelle，1912—1913）。请注意这与新式烹饪的相似之处（例如不同寻常的食材搭配）。艾伦·韦斯（Allen Weiss）在他的著作《盛宴与愚蠢》（Feast and Folly）中，明确将其与许多当代顶级法国厨师的烹饪方法进行了对比，包括米修·布拉斯（Michel Bras）、皮埃尔·加涅尔和阿兰·阿卡尔（Alain）等名厨

（Guillaume Apollinaire），他于 1912 年 9 月在巴黎举办了一场晚宴（图 13.2）。在 18 世纪的天文学家拉瓦尔（Laval）之后，他把这种新式烹调法称为"美食天文学"。人们已经可以看到这种新事物对精神需求的关注："在真正的新式烹饪中，这些早期的未来主义烹饪创新者做菜不是为了填饱肚子，而是为了满足心灵的渴望。他们的目的是创造艺术作品；因此'最好不要饿着肚子品尝这些新菜式'。"这一评论清楚地揭示了马里内蒂的立场，他仍是当之无愧的未来主义教父。

如何在家就能做出未来主义盛宴？

我会在下文给那些"不走寻常路"，想打造自己专属的未来主义派对的人一些建议。毕竟现代主义厨师从未来主义者那里获得了那么多灵感，你真的没理由不在家试着做下同样的事情。我的建议如下：

1. 用铝箔纸把餐桌包起来（材料足够的话，就把墙壁也包起来）。在未来主义者活跃的那个时期，铝箔是一种令人兴奋的新型材料，兼具未来主义特征与科技性。尽管我们很难用铝箔纸给如今的客人带来同样的惊奇感，但这么做仍然有用；

2. 开胃菜中应提供一颗减肥药。记住，未来主义美食旨在滋养心灵，而不是填饱肚子；

3. 买一些喷雾器，取少量食谱中特有的香草、香料或水果，与水或者油混合制成香氛灌入其中。鼓励客人们在品尝食物前喷一喷"特制香氛"并深深地吸气。有可能的话，在正对餐桌的地方放上风扇（如果手边没有喷气推进器的话），调到最大功率；

4. 使用不同材质的餐垫，或者给每个人发一些砂纸、天鹅绒及丝绸之类的材料。鼓励你的客人在吃东西时摩挲所有的材料，看看这是否能给他们带来不同的味觉体验。如果你的客人中有谁穿着天鹅绒吸烟服[1]或真丝连衣裙赴宴，那就更好了！（但估计只有在牛津北部才会出现这样的情况。）

5. 上菜间隙为什么不放些瓦格纳的音乐，并把音量调大呢？

6. 在平底锅里做一种非常香的酱汁，端着它绕着桌子走，让诱人的香气在客人的鼻子底下飘动，然后再把平底锅原封不动地放回厨房；

7. 无需为餐具烦恼。撺掇你的客人用手吃饭或者直接把脸埋在盘子里；

8. 从超市里买一些食用色素，调皮地把它们加入你提供的每一种饮料、每一道菜里；

9. 用大量嘎吱作响的银色小球来装饰蛋糕。作为机器时代的

①天鹅绒吸烟服是旧时男性穿的宽松便服，多为丝绒材质。——译者注

象征，这些美味的蛋糕配料将比真正的滚珠轴承更美味。未来主义者以前就常把滚珠轴承塞进他们的菜肴"菲亚特鸡肉"中；

10.确保为你的菜肴配上恰当的自然声：吃海鲜时伴着大海的声音，吃蛙腿时伴着蛙鸣，吃牛排时伴着哞哞的牛叫声。你的客人可能再也不会以同样的眼光看牛排了……

11.为什么不加一点声波调料呢？上一份又苦又甜的菜，比如黑巧克力或加糖的黑咖啡。然后交替播放叮叮声、高音调的钢琴音乐和一些低音调的刺耳音乐，看看你所准备食物的味道是否会发生变化；

12.就食物本身而言，我宁愿选择简单的新式烹饪，也不愿选择彻底的未来主义食物。如果任何一位无所不知的客人问你为什么不提供"殖民地鱼儿的击鼓声"（Drum Roll of Colonial Fish）、"兴奋的小猪"（Excited Pig）或"凝结的血汤"（Clotted Blood Soup），或者告诉你他们特别期待的菜肴是"阳光照耀下的意大利酥胸"（Italian Breasts in the Sunshine），你只需提醒他们，未来主义烹饪实际上发轫于阿波利奈尔于 1912 年在巴黎举办的早期未来主义宴会！

13．你做什么都行，但千万别提供意大利面！

你一定会度过一个难忘的夜晚！

有了外卖，我们为什么还要下馆子？

随着机器人厨师越来越普及（参见第 12 章），谁来为我们制作美食、如何制作美食的问题将越来越受到关注。同时，越来越多的世界顶级厨师开设了多家以自己名字冠名并因此具备了品牌效应的餐厅。我们应该扪心自问一下，当我们光顾这些餐厅时，我们究竟在购买什么？我们点的菜是否真的出自名厨之手，到底有什么意义？

当然，我们都喜欢一脉相承，希望一件东西从头到尾都是好的。我们当中没有人愿意感受一道不合格的菜肴带来的失望。然而，如果事情就是这么简单，启用机器人或生产线不就能更好地保证结果的一致吗？通过编程，机器人甚至可以模仿明星大厨的动作和举止，但这真的是我们想要的吗？当然，当我们发现自己最喜欢的餐馆会购买预先准备好的食物时，我们多少会觉得失望，甚至认为自己被骗了。令人担忧的是，如今越来越多的大型连锁餐厅似乎都在犯这种错误。

提姆·海沃德在《金融时报》上撰文，表达了他"对不一致的崇拜"。他认为，我们应该庆幸自己吃的食物是可变的，而不该诋毁它（因为食物的可变恰好表明我们的食物是由某个人亲手制作的）。毕竟，这才是我们外出吃饭时真正想要的，不是吗？正如一位三文鱼熏制工对海沃德说的："我为什么要保持'一成不变'？这是一样手工制品，变化就是其中的一部分。人们就是据此知道它不是批量生产出来的。"

随着机器人厨师和调酒师的出现日渐频繁，我们作为食客和饮酒者会怎么想呢？我们对制备食物和饮料的看法很可能会改变。这又让我想起一家意大利饼干制造商的巧妙做法。他们用一台机器将饼干切成不同的形状，并从这种形状不同的饼干中取出几块连同其他机器切出的形状相同的饼干装进同一个袋子里，从而赋予袋装饼干以一种纯手工制作的感觉。消费者很可能会被这种微妙的暗示误导，以为该产品是"手工制作的"，于是更享受吃饼干的感觉。至少，我是这么认为的。

如果厨师是机器人而不是人类，我们还会对开放式厨房的概念如此充满热情吗？目前，这项新技术肯定自有其新奇的价值，但这能持续多久？还有一些其他新兴趋势甚至预示着我们熟悉的餐馆的消失。听起来不太可能，甚至有些疯狂？可我相信，事情可能开始慢慢地朝着这个方向发展了。

越来越多的城市的街道上出现了一种新现象——黑绿相间的户户送（Deliveroo）快递箱在摩托车和自行车上"嗖嗖地"驶过行人面前。其他公司则更进一步。例如，如果你住在伦敦市中心（比如第一区），Supper 公司将把高档米其林星级美食直接送到你门前。

如果在未来几年里，此类送货上门服务继续按照当前速度增长（同时伴随常态性价格下降），那么每个餐馆老板挂在嘴边的问题会是：人们还出来下馆子吗？毕竟，当他们可以舒舒服服地在自己家享用同样的菜肴时，又何必辛苦跑一趟呢？当人们在家就能观看最新的电影，而不必跑去电影院时，想必影院的经营者就会遇到同样的问题了。

如果我们让餐厅与美食分离，到底会失去什么？我们在前面的章节中已经看到，不提供餐盘、刀叉和餐巾的送货上门服务可能会削弱顾客在家里的用餐体验（假设高档餐厅使用的餐具比我们大多数人家里使用的餐具质量更好、分量更重）。所以，如果你想尝试此类服务，我会建议你先仔细选好餐具。这真的能改变一切。哦，对了，现在你应该知道了，一定要把音乐也放对。

最近还出现了一种帮助人们在家自制食物的新趋势。蓝围裙（Blue Apron）、好新鲜（HelloFresh）及 ChefSteps 等线上公司会鼓励像你我一样的人按照厨师准备的菜谱制作食物。他们会把已经调配好比例的食材寄给你，并在网上一步一步教你怎么制作食物。如果这种势头继续发展下去，我们可能会看到更多的家庭厨师在烹饪更健康的食物。考虑到我们在第 10 章中看到的"宜家效应"，这些餐食的味道可能会更好。

传统餐厅面临的另一种压力来自那些创意十足的厨师，他们正忙着把用餐变成表演。当然，这其中还有食物的参与，但其已不再是饮食体验的核心焦点。如果你愿意，可以把它想象成一种现代主义"餐饮娱乐"。如果你有幸参加过名厨约瑟夫·优素福于 2016 年在伦敦举行的"美食物理学"晚宴，那么在一道以鸭子为食材的菜肴上桌前，你一定会听到鸭子嘎嘎嘎的叫声，接着你就发现这只鸭子被"结果了"（想象一下切肉刀"咚咚"地砍在沉重的木制砧板上，鸭子的骨头被砍断了）。

正如这位厨师所说："如果只是想一想食物来自哪里就会让用餐者感到不舒服，那么他们一开始就不应该吃这种动物。"让用餐者心情愉快固然很重要，但在此之外，还应当有一个更为严肃的目标，那就是促使用餐者做出更健康、更有益持续发展的食物选择。

一些餐桌语言已经在发生着微妙的变化；"用餐者"逐渐被"客人"取代。更重要的是，你会越来越觉得自己是在预订演出的门票，而不是晚餐的座位（参见第 11 章）。随着这些趋势继续发展，我们所熟知的餐馆可能会很快消失，或者至少会演变成一种完全不同的东西（想想那些卖书的咖啡店，它们后来变成了卖咖啡的书店）。

大数据造就的电脑食神，能为我们带来什么？

展望未来，看看大数据和公民科学将如何改变我们所接触的饮食体验设计，也将是件有趣的事情。我们可以发现，语言学家已经深入研究了成千上万份网上菜单，计算出了我们要为菜名里每一个多出来的字母支付多少钱——差不多 6 美分。还有一些计算机科学家正忙着比较世界各地的食谱，以便发现与某个地方（或区域）美食密切相关的重要风味搭配。这种做法开创了一个新的科学领域，即"计算机美食学"。例如，对印度食谱的最新分析显示，那里的厨师喜欢把各种不搭调的食材组合在一起，这与世界其他地区的情况完全相反。

深挖这些与食品相关的大型数据库，你还能得出什么洞见？"食物配对（FoodPairing）"（其经营着一个订阅网站，帮助厨师、调酒师和家庭厨师找出哪些食材的组合可以发出相同的气味）和 IBM 的沃森大厨（Chef Watson）之类的工具，是否会推出一系列口感很棒但不同寻常的新口味组合呢？IBM 的超级计算机沃森通过算法分析了一个包含数千种食谱的数据库、一个囊括了成千上万种食材中所含香味化合物的数据库，以及人们如何感知不同食材组合的众多心理学研究。

这台电脑没有手，无法亲自实验，所以只能找出别人曾做过的不同寻常的组合："IBM 一直在强调这不代表着机器超过了人类，而是意味着机器在与人类并肩工作……赫斯顿·布鲁门撒尔要当心了。"未来的食客们会越来越多地接触到一系列新的口味组合吗？

这里要记住的关键是，这不是美食物理学家与厨师之间的竞争，也不是计算机与人类之间的竞争。相反，这里催生了一个问题：把不同学科结合起来后，我们究竟能提出多少更具说服力的主张？与此同时，研究人员抽取了 2002 年至 2011 年这九年间网民针对美国各州餐馆发表的一百万条网上评论。研究发现，与天气不太好的时候相比，好天气往往更能让我们感受到外出就餐的乐趣。

交叉模态实验室于过去的几年里在博物馆和网上开展了许多大型的公民科学实验，以便提供用餐者可能欣赏何种设计的信息。从菜肴摆放的方向到墙壁的颜色再到背景音乐，都在这些公民科学实验的范围内。我猜想，有关环境对用餐者行为影响的小规模研究（通常涉及几十或几百名食客，参见第 6 章）很快就会被大数据（这些数据可能来源于用餐者的手机发出的信号）研究取代。一项研究中可以覆盖的参与者数量会突然增加到数万或数十万。

这将有望为食品和饮料的服务设计提供更可靠的基于实证的决策基础。举例来说，在过去的一年里，我们向超过 5 万名参加了伦敦科学博物馆举办的"渴望"展览（无论亲自去看还是在网上浏览）的民众征集反馈。调查结果帮我们证实了我们的一些直觉，即食物的呈现方式会影响我们对其味道的判断以及我们对它们的喜爱程度。同时，这一研究结果也已经足以反驳一些厨房里流传的错误说法了，例如，盘子里的食物是奇数时就比偶数时更受欢迎。

我们将这一方法进行拓展，寻找又长又直的食物素材在餐盘中的最佳摆放方向——比如烤大葱，或者整只龙虾。事实证明，人们喜欢将线性元素从左下角延伸到右上角。在最新研究中显得十分突出的另一项有趣对比是在销量最高的餐具和公认的最有创意的餐具之间进行的。

另一个利用大数据分析的例子来自于应用预测技术公司（Applied Predictive Technologies）的鲁珀特·内勒（Rupert Naylor）。据他说，他们公司为连锁餐厅提供了如下服务："开展对照实验，就如同测试新药品的功效一样……我们在表现出相似行为的餐馆里做了对照实验，以便得出基线，然后剔除了所有杂音，也就是那些可能已经影响了销售的数据，从而找到真相。"这种方法显然帮助了英国的必胜客门店将顾客的平均消费从 9 英镑提高到了 11 英镑。虽然这听起来并不多，可累积起来就多了呀。

联觉体验：打造餐饮界的"感官王国"

多年来，多感官体验设计的实践者们已经彻底探索了不同感官之间的联系，虽然从某种意义上说，这种联系是显而易见的。想想一盘青蛙腿伴着蛙鸣，一盘海鲜伴着大海的声音。包括纽约的麦迪逊 11 号公园餐馆、布里斯托尔的卡萨米亚餐厅及上海的紫外光餐厅在内的其他餐馆，都试着用各种方法重现野餐的场景（大多数人心中的这种积极性可能与过去发生的此类事件有关）：使用看着像纸盘的陶瓷器皿，用野餐篮盛食物，引入声音、气味（田间味道）甚至相关的视觉影像（想想乡村风光）。这一切确实有效，但就是有点毫无新意，至少在事后看来就是如此。

但我们应该注意到，越来越多的厨师、烹饪艺术家和体验设计师开始更多地进入联觉设计的世界。在这个世界里，给食客和饮酒者提供何种体验的决定，是基于不同感官之间的不那么明显的联系做出的。在这里，我想到了"色彩实验室"之类的测试，在这项实验中，研究人员利用背景灯光颜色和音乐来改变葡萄酒的味道。这让你觉得有点像"联觉"，因为当你第一次听到这种感官间的联系时，常常会感到惊讶（比如甜味是高音调的、粉红色的、圆润的）。

然而，这种形式的设计与联觉有本质的不同。联觉是指人们能凭空看到带颜色的字母、数字与时间单位的现象，或者听觉触发嗅觉的现象。关键的区别在于，这些新发现的感觉之间的联系往往是大多数人所共有的，这些常见但又令人惊讶的联系通常被称为"交叉通道通信"，它能帮助人们创建既有趣又真正有意义的多重感官体验。越来越多的美食物理学研究为厨师和体验设计师在该领域提供了一些指引。

一旦人们处理与化学感觉（即味觉、香气和风味）有关的通信，事情就会变得非常有趣了。这并不是说，就多感官体验设计而言，多混杂几种感觉进去就一定会让事情变得更好。就拿肖恩·罗格（Sean Rogg）最近的一项活动作为例子吧。该活动是"华尔道夫项目"（Waldorf Project）的一个组成部分，旨在"邀请人们品尝颜色"。客人们被要求穿着纯色衣服来参加活动，他们喝着好酒，观看一群舞蹈演员的表演。

这位艺术家说："我不仅要让音景与他们各自的衣服颜色相配，我还找声音设计师把他们的音景和葡萄酒也搭配起来。"这要求可是令人有些犯难。尽管这一领域的工作存在着固有的挑战，不过有一点很明了，那就是人们对食品和饮料联觉设计的兴趣正在激增。

我们无法保证不同的人对这种体验的反应一定是相同的，但这也正是乐趣所在。联觉设计的崛起是建立在我们共有的感官之间那令人惊讶的联系上，它与"感官探索"相伴而生。而"感官探索"这一潮流的基础是，消费者越来越好奇于探索自己的感官世界（或"感觉器官"），并发现在我们每个人身上都能找到的隐秘联系。

虽然过去的感官营销似乎只是为了赚钱，但它现在给人的感觉更像是为了提供共享的（和可共享）的多重感官体验（或者至少应该以此为目的）。对于烹饪艺术家来说，这也是一次探索之旅。它让我们所有人都能接触到不同感官之间的不寻常的、令人惊讶的、几乎是联觉式的联系。

事实上，至少最近的一份报告指出："70% 的美国千禧一代正在寻找能'提升他们感官'的体验。"人们对此有多种解读。一个有趣的观点说，他们渴望迷人的沉浸式体验，正如一位评论人士所说："随着消费者对持续不断的数字化轰炸越来越厌倦，他们会寻找更真实的体验，让自己沉浸在品牌之中。"因此，尽管体验经济将继续影响着市场和营销沟通的诸多方面，但我认为是时候为下一次"感觉爆炸"[美国市场营销学教授阿拉德纳·克里士纳（Aradna Krishna）在 2013 年的行业简报中提出这一术语] 做好准备了。

最终，我们正慢慢走向总体艺术。食物作为一件整体艺术作品、一种装置或者一种体验，涉及观众的所有感官（如果"观众"这个词仍然正确的话）。这一术语与德国作曲家瓦格纳有关，所以毫无疑问，在晚宴上播放曲目时，未来主义者会将他的作品作为首选。事实上，在没有食物和饮料的情况下，我们真的很难想象该如何创造出一件能刺激所有感官的艺术品。

总体艺术、未来主义和一个世纪前盛行的各种艺术思潮都或多或少地与世纪之交时在欧洲兴起的生理美学有关。那时，以著名画家修拉为代表的艺术家们会与科学家们会谈，以便基于新兴神经科学对观众心灵的了解，设计出更愉快的体验。

艺术家和科学家之间的这种互动无疑掀起了一股惊人的创作浪潮，尽管它最后以失败告终。错误的时间里只会有错误的科学①，这可能就是其衰落的原因（在这 120 年左右的时间里，脑科学无疑取得了长足进步）。而且，就我所知，测量脑电波永远无法为画家（和其他艺术家）提供有助于他们进行作品创造的信息。

然而，随着时间的推移，我们越来越多地看到烹饪艺术与行为或心理科学结合在一起。这其中当然包括美食物理学这种新科学。当美食物理学与最新的设计和科学技术相结合时，这种新型合作有望带给我们一个完全不曾见过的食物的未来，它甚至将不同于意大利未来主义者最狂野的梦想和观点。

从"绿色食品"到"饮食黑客"

如果不考虑气候变化问题、与可持续发展相关的挑战以及超级城市的崛起，讨论食品的未来就会变得越来越难。很难说我们未来的食物来源是垂直农业、人造肉、更多的昆虫，还是"绿色食品"（Soylent

①此处的科学指的是前面刚刚提到的当时（20 世纪初）的神经科学。——译者注

Green)（一种宣称含有高能量浮游生物的绿色美味威化饼，但其实际上是由人体残骸制成）。千万不要这样啊！"绿色食品"这个关于食物未来的反乌托邦预言来自于理查德·弗莱舍（Richard Fleischer）的同名电影，其故事背景设定在 2022 年。但我坚信，无论未来如何，通过探索现代主义烹饪艺术与最新技术和设计的结合，我们将更有机会实现我们的目标。

最后，关键是要认识到，改变习惯不仅仅是简单地告诉人们什么对他们有益，什么对地球而言是可持续的。我们还需要其他策略来促使人们养成更健康、更可持续的饮食习惯，这些方法会让我们认识到，我们对食物的感知主要发生在大脑中，而不是在嘴里。我猜，以后我们会对"食物黑客"的概念更加熟悉。

从更私人的角度看，我相信在未来，美食物理学将面临许多根本性的挑战，但同时也将有许多真正改变我们与食物互动方式的机会。我希望，目前最令人兴奋的发展就是高端现代主义餐厅正在向大众推广；事实上，我已看到一些全球最大食品和饮料公司对此兴趣大增。如今，我们的饮食行为越来越多地受到网络影响，或者说我们越来越多地因网络而获得就餐上的便利，这一点将为饮食趋势和饮食行为的大数据分析开辟出一片新天地。

ChefSteps 的创始人克里斯·杨（Chris Young）预测，到 2016 年底，他们的网站将帮助 100 多万人在家里做出更好的饭菜。这种互动将产生大量的数据，这些数据可以用来得出能够最好地使我们对食物的感知及未来行为实现个性化和提升的办法。

新兴的美食物理学领域所展示的科学方法将有助于我们把事实从虚构和直觉中分离出来，并量化一些真正重要的东西。厨师安多尼·阿杜里斯说，"快乐不仅存在于嘴里"，实际上，多半情况下快乐存在于头脑中。一旦有更多的人认识到这一点，我们就会取得真正的进步。事实上，我们应该在这里把这位大厨的话完整引述一遍："归根结底，你不必非要喜欢某样东西才能享受它，换句话说，快乐不仅存在于嘴里。易感性、集中注意力（大脑的冲动机制）的能力，完全可以改变人们对某些东西的感知，因为有些东西乍看之下甚至不像是人类的食物。

最后，这不仅仅是一个关于吃的问题，这还是一个关于发现的问题。我们总在保守的自我与好奇大胆的自我之间徘徊，前者让我们养成了在重复中找到庇护和安全感的习惯，后者则鼓励我们在未知中寻找乐趣，在初次尝试某一事物的风险和不可预测性中寻找眩

图 13.3　菲利普·托马索·马里内蒂凝视着未来

晕的感觉。"女士们，先生们，我想你们已经发现了，这又把我们带回了原点！（图 13.3）。

送给吃货的健康贴士

本书最后，我总结了一些关键性建议，献给那些想要在吃得更少的同时吃得更满足的人（即吃得更健康）：

1. 少吃。我听见你说了，这不是每个人都能做到；

2. 把食物藏起来。如果你能看到罐子里的饼干，就会更想吃；可要是放在看不见的不透明容器里，也就没那么想吃了。这真是眼不见，心不烦。事实上，任何从一开始就能让你更难拿到食物的办法，都可能会管用。在多数情况下（并不总是），这种小窍门真的能让你少吃；

3. 中老年人可以试着在餐前多喝水——早餐前 30 分钟喝半升水，午餐和晚餐前也这样做就可以了。一项研究表明，这能让人们在吃饭时少摄入约 40 大卡的热量。此外，多去几趟卫生间无疑有助于增加你的身体活动！

4. 如果你碰巧喜欢垃圾食品，那就对着镜子吃，或者对着镜子前的盘子吃。研究表明，这么做可以帮你减少对巧克力布朗尼蛋糕等食物的渴望和摄入量。至少有一位著名女演员会赤条条地在镜子前吃东西。另外你也可以看看那些光顾过新出现的裸体餐厅（参见第 7 章）的顾客是否吃得更少了。这同样会是一件有趣的事情。试着慢慢吃、用心吃。是的，这意味着你要关掉电视！

5. 对食物的感觉越多越好，更浓郁的香气，更丰富的口感。在你的大脑判断你是否吃饱时，这些因素都能影响它。我最喜欢的一项研究恰好说明了这一点，喝苹果汁和吃苹果泥相比，前者摄入的热量要多得多，吃苹果泥和直接吃苹果相比，也是前者摄入的热量更多。上述三种情况下的食物完全相同，不同的是大脑接收到的关于已经吃了多少（以及需要咀嚼多少下）的口感线索。这和不让你用吸管喝饮料的原因大致相同。它消除了所有鼻前嗅觉线索。

正常情况下，这是一种愉悦的享受（参见第2章）。一定要经常吸入食物的香味。毕竟，这是饮食的大多数乐趣所在。无论你在做什么，不要在吃饭时喝冰水，这会使味蕾麻木。事实就是这么简单！有的研究人员甚至认为，北美人偏爱黏甜黏甜的食物，在一定程度上这可能就与他们吃饭时喝冰水有关；

6. 用小盘子吃饭。吃自助餐时，这种方法尤其有效。如果你用两倍大的盘子吃饭，你可能会多吃40%的食物。这个数字相当惊人；

7. 非要用碗盛食物时，就用一个没有边缘的大碗，并且吃饭时要用手端着，而不要把它放在桌子上。你手上的重量可能会欺骗你的大脑，让它认为你已经吃得很多了，这样一来你很快就会吃饱了；

8. 用红色的盘子吃饭。在这种情况下，红色餐盘似乎触发了某种回避动机；

9. 或者用筷子吃饭，或者试着用你的非惯用手吃饭，或者用较小的勺子或叉子吃饭。基本上，就是要做任何让你更难把食物放进嘴里的事情。在这种思路的指导下，来自35个国家的艺术家和设计师最近齐聚阿姆斯特丹的一家晚餐俱乐部。他们接受了一项任务，也就是制作能够挑战饮食规范并鼓励人们放慢速度、用心吃饭的餐具。有位热心参与者为这次活动制作了一把布满钉子的勺子，如果你准备试用一下，请千万注意保护牙齿；

10. 对了，尤吉·贝拉（Yogi Berra）[1]还有一个绝妙的建议："你最好把披萨切成 4 块，因为我还没饿到要吃 6 块的地步。"

---

[1]尤吉·贝拉（1925—2015）：是前美国职业棒球大联盟的捕手、教练与球队经理。——译者注

致　谢

　　如果当年在联合利华研究院没有弗朗西斯·麦格隆教授（Prof. Francis McGlone）的长期支持和指导，我永远不会进入美食物理学的世界，对此我将永远心存感激。当然，我在正文中已经写道，正是由于芬美意香料公司的安东尼·布莱克介绍我与赫斯顿·布鲁门撒尔认识，我才会对美食学越来越感兴趣。这可不同于食品科学！

　　我还要特别感谢鲁珀特·庞森比（Rupert Ponsonby）、克里斯托弗·考维（Christophe Cauvy，彼时在汤逊广告公司任职）和史蒂夫·凯勒（Steve Keller，在第四音响品牌任职），因为他们有信心用多感官方法研究美食物理学和其他有趣的东西。

　　感谢巴里·史密斯教授，感谢他帮助 Baz'n'Chaz 的葡萄酒路演大获成功。愿这一切保持下去！然而，真正让最新的美食物理学研究变得如此有趣的，是新一代年轻厨师的热情支持与合作，其中包括"厨房原理"的约瑟夫·优素福和杰出的交叉模态学家查尔斯·米歇尔。正文中已经提到了他们的一些菜肴和设计。

　　我还要感谢许多厨师和烹饪学校的支持，他们为我这个"疯子"

开放他们的厨房和餐厅：我很幸运，能在过去的 15 年里与许多世界顶级厨师一起进行美食物理学研究，其中包括赫斯顿·布鲁门撒尔及肥鸭餐厅研究厨房的整个团队甚至是整间餐厅、伦敦奎隆餐厅（Quilon）的主厨史利南·艾鲁尔（Sriram Aylur）、伦敦 Parlour 餐厅的大厨杰西·邓福德·伍德、北欧食品实验室（Nordic Food Lab）的本·里德（Ben Reade）、巧克力生产线（The Chocolate Line）的多米尼克·普松尼、圣保罗（São Paolo）Epice 餐厅的艾伯特·兰德格拉夫（Albert Landgraf）、巴西阿雷格里港（Porto Allegre）Xavier260 餐厅的大厨泽维尔·加梅斯（Xavier Gamez）、来自圣塞巴斯蒂安穆加拉茨餐厅的大厨安多尼·阿杜里斯和达尼·拉萨（Dani Lasa）、伦敦 The Good Egg 餐厅的大厨乔尔·布拉罕（Joel Braham）、纳什维尔（Nashville）蚀刻餐厅（Etch）的大厨德布斯·帕奎特（Debs Paquette），还有牛津大学萨默维尔学院（Somerville College）的大厨保罗·弗拉莫斯（Paul Fraemohs）。

我还有幸与费伦·阿德里亚在西班牙的艾丽西亚基金会、法国里昂的保罗·博古斯烹饪学校以及伦敦的威斯敏斯特金斯威学院（Westminster Kingsway College）合作进行过研究。我还要感谢 Jelly & Gin、Blanch & Shock、卡洛琳·霍普金森萨姆·彭帕司，以及我所有的学生，无论是过去的还是现在的，他们承担了交叉模态研究实验室里的大部分研究工作。

接下来，我要感谢伦敦科尔布鲁克街 69 号酒吧的托尼·康尼里诺、瑞恩·切蒂亚瓦尔达纳（Ryan Chetiyawardana）（即 Lyan 先生）、悉尼石池餐厅（Rockpool）的尼尔·佩里和巴斯（Bath）、Colonna Small's 餐厅的麦克斯韦·科隆纳·达什伍德（Maxwell Colonna-Dashwood）。他们都是艺术大师。

　　最后要感谢的是费格斯·亨德森（Fergus Henderson），他让我在2007 年的切尔滕纳姆科学节（Cheltenham Science Festival）上度过了一个非常难忘的夜晚。那次，我的素食主义研究生玛雅·尚卡（Maya Shankar）还非常勇猛地展示了一桶牛肚。

海派阅读
GRAND CHINA

×

**READING
YOUR LIFE**

人与知识的美好链接

近20年来，中资海派陪伴数百万读者在阅读中收获更好的事业、更多的财富、更美满的生活和更和谐的人际关系，拓展他们的视界，见证他们的成长和进步。

现在，我们可以通过电子书、有声书、视频解读和线上线下读书会等更多方式，给你提供更周到的阅读服务。

⋏ 微信搜一搜

🔍 海派阅读

关注**海派阅读**，随时了解更多更全的图书及活动资讯，获取更多优惠惊喜。还可以把你的阅读需求和建议告诉我们，认识更多志同道合的书友。让海派君陪你，在阅读中一起成长。

也可以通过以下方式与我们取得联系：

📖 采购热线：18926056206 / 18926056062

📞 服务热线：0755-25970306

✉ 投稿请至：szmiss@126.com

🌐 新浪微博：中资海派图书

更 多 精 彩 请 访 问 中 资 海 派 官 网　　(www.hpbook.com.cn ⟩)